U0343657

大豆目标价格补贴政策实施效果遥感研究

◎ 王利民　刘　佳　姚保民　著

中国农业科学技术出版社

图书在版编目（CIP）数据

大豆目标价格补贴政策实施效果遥感研究 / 王利民，刘佳，姚保民著. —北京：中国农业科学技术出版社，2019.6

ISBN 978-7-5116-4147-2

Ⅰ. ①大… Ⅱ. ①王… ②刘… ③姚… Ⅲ. ①大豆—价格补贴—财政政策—研究—中国 Ⅳ. ①F812.0

中国版本图书馆 CIP 数据核字（2019）第 075041 号

责任编辑	于建慧
责任校对	李向荣

出 版 者	中国农业科学技术出版社
	北京市中关村南大街12号　　　邮编：100081
电　　话	（010）82109708（编辑室）　（010）82109702（发行部）
	（010）82109709（读者服务部）
传　　真	（010）82106650
网　　址	http://www.castp.cn
经 销 者	全国各地新华书店
印 刷 者	北京建宏印刷有限公司
开　　本	710mm×1 000mm　1/16
印　　张	5.25
字　　数	80千字
版　　次	2019年6月第1版　　2019年6月第1次印刷
定　　价	60.00元

前　言

　　2014年，国家决定在东北三省和内蒙古自治区建立大豆目标价格补贴试点，并在新疆维吾尔自治区探索启动棉花目标价格改革试点工作，这是我国第一次以目标价格的方式进行的农业补贴。2015—2016年，国家继续深入推进东北三省和内蒙古自治区大豆、新疆维吾尔自治区棉花目标价格改革试点。目标价格的目的是充分发挥市场作用，通过价差补贴的方式保护大豆生产者的利益，建立并完善符合我国现阶段发展要求的农产品价格和市场调控机制。目标价格补贴政策的过程是在大豆价格主要由市场形成的基础上，国家事先确定能够保障农民获得基本收益的大豆目标价格，当大豆实际市场价格低于目标价格时，国家对农民进行补贴；当市场价格高于目标价格时，不启动补贴。目标价格的实质是，通过种植面积或者产量的可见性，保证大豆、棉花种植户切实拿到补贴，避免政策落实过程中的不公平性。

　　东北地区是以大豆种植面积为基准进行发放的目标价格补贴。目标价格政策实施效果的监测可以直接对种植面积变化进行监测，是目标价格政策遥感监测较为便利的区域。为保证目标价格补贴准确、公平的发放，准确获取大豆种植面积或者产量就成为至关重要的因素。2015—2016年两年间，著者在吉林敦化市开展了比较系统的目标价格遥感监测业务，在黑龙江省开展了省级尺度主要农作物变化遥感监测工作，本书对这些工作做了系统性的总结。

　　本书共分为五章，分别介绍了农作物目标价格补贴政策实施的背景、政策实施对提升大豆种植面积的作用、省级尺度上大豆种植面积变化监测技术、政策实施效果监测实例，以及中国农业补贴政策发展趋势等内容，可供开展相关应用的研究和业务的人员参考。

著者

2018年12月

目　录

第一章
目标价格补贴政策的实施背景

粮食补贴政策是各国政府调节粮食生产比例、农产品价格的主要手段。世界各国均采取了必要的干预政策，以调控粮价及其供需。中国政府一直把粮食生产作为农业农村工作的重中之重，改革开放以来，中国粮食支持政策得到不断调整和完善，出于保障粮食安全的需要，从鼓励农民种粮积极性角度出发，中国从2004年开始先后出台了一系列农业补贴政策。如2016年农业农村部发布《2016年国家落实发展新理念加快农业现代化促进农民持续增收政策措施》就有52项之多（农业农村部，2016）。

但随着市场经济的发展，粮食价格与国际市场的差距扩大，国内市场在受到波动的同时，收储、加工企业的库存成本也大幅增加，而价格支持政策没有适时调整，市场扭曲效应日益凸显，突出表现为市场粮价出现原粮和成品粮倒挂、产区和销区倒挂、国内和国际倒挂等"3个倒挂"，出现进口量、生产量、库存量"三量齐增"的怪圈（陈锡文，2015；樊琦，2015）。中国实行的农产品价格支持政策已导致诸多问题，迫切要求对已实行近10年的粮食最低收购价制度进行改革，以适应发生巨大变化的新形势，特别是适应发挥市场配置资源决定性作用的需要（丁声俊，2014）。为探索推进农产品价格形成机制改革，2014年，中国启动了东北大豆目标价格补贴以及新疆维吾尔自治区棉花目标价格补贴改革试点。

目标价格是20世纪60—70年代，欧美等发达国家在完善粮食价格干预政策过程中，提出的政策性理论价格。目的是在更好保护农民利益基础上，有利于发挥市场机制作用。在中国，实施目标价格补贴政策，是国际贸易背景下，现代农业生产与农产品市场相互促进的结果。

第一节　中国粮食价格体系的现状与趋势

一、中国特色的粮食价格体系已经基本形成

粮食问题是一个关系国计民生的重要问题。在市场经济条件下，粮食问题的实质又是粮食价格问题。在农产品特有的"蛛网"现象的作用下，粮食的供给弹性大于其需求弹性，价格与产量的交互影响将远离平衡态，导致粮食价格的暴涨暴跌和粮食生产的大起大落，进而引起一系列的经济、社会、政治问题。

自改革开放以来，特别是进入21世纪以来，包括粮食在内的农产品流通始终以市场化为取向，注重发挥"托市收购""临储"等价格杠杆对市场的调节作用，建立了以市场自由价格为主体，以粮食直补、粮食最低收购价、粮食农资综合补贴为支持的粮食价格体系（罗孝玲，2005；韩晓松等，2007）。有效保障了粮食生产者和消费者权益，提高了广大农民的生产积极性，防止了"谷贱伤农"和"米贵伤民"，对实现全国粮食总产量"十连增"、农民收入"十连升"，增强粮食宏观调控能力和维护市场基本稳定发挥了关键性作用。

二、补贴政策应有利于合理粮食价格的形成

目前，中国对于粮食生产的补贴主要有种粮直补、农资综合补贴、良种补贴和农机具购置补贴等四类，简称"四补贴"。其中，种粮直补于2002年在安徽、吉林等省率先开展试点，并于2004年全面铺开；而良种补贴是最先开始正式执行的粮食补贴政策，2003年中央财政安排3亿元资金对小麦和大豆良种进行补贴，2004年进一步扩大了良种补贴的规模和范围，并新增了农机具购置补贴；随着原油及农资价格的走高，种粮成本明显增加，一定程度上影响了农民的种粮积极性，2006年中国开始实施农资综合补贴政策，即对种粮农民因农业生产资料增支而实行的综合性直接补贴，用以弥补种粮成本上涨，缓解农资价格不断攀升对农民种粮成本上涨

的影响。随着中国不断扩大粮食补贴范围，加大粮食补贴力度，对提高中国粮食综合生产能力、增加农民收入、调动农民和主产区种粮的积极性、发展粮食生产、保障国家粮食安全等都起到了积极作用（钱加荣，2015；柳苏芳，2017；马英辉，2018）。

随着农业农村发展的内外部环境的较大变化，实施多年的补贴政策效能逐步降低，对农户种粮积极性几无影响，甚至产生了激励扭曲的效果（姜长云，2017）。并且粮食产量对粮食补贴的反应程度较小，粮食补贴每增加1个单位的投入，粮食产量增加0.005个单位的产出，远远低于其他因素对粮食产量的贡献（张凡凡，2018）。基于上述背景下，为提高农业补贴政策效能，中国对改革农产品价格支持制度进行了一系列的探索，将目标价格补贴制度作为一种全新的补贴制度引入中国农业补贴体系，2014—2016年在东北三省、内蒙古自治区和新疆维吾尔自治区开展试点。并且2015年，国家启动农业"三项补贴"改革，将种粮直补、农资综合补贴、良种补贴合并为"农业支持保护补贴"，政策目标调整为支持耕地地力保护和粮食适度规模经营；其中地力保护的对象限定为拥有耕地承包权的身份的农民，支持粮食适度规模经营则重点倾向于新型农业经营主体（张磊，2019）。在经过3年的目标价格补贴试点实践之后决定调整大豆目标价格补贴政策，实行市场化收购加补贴的生产者补贴政策，中国农业补贴政策进入了价格支持政策向直接补贴政策的转变的调整阶段（田聪颖，2018）。

三、现代农业生产需要市场化的粮食补贴政策

随着粮食改革进程的推进，中国粮食等农产品产销格局发生根本变化。粮食生产向北方主产区集中的趋势明显，由原来的"南粮北调"转变为"北粮南运"。在粮食创造"十连增"、农民收入"十连升"之后，农业增产和农民增收的难度越来越大，资源约束的压力也日益加重。粮食新型经营主体，包括种粮大户、农民家庭农场、农民专业合作社及各类企业纷纷涌现。粮食商品流通规模不断扩大，经营形式不断创新，粮食市场的作用越来越重要。

国际国内两个市场、两种资源相互结合、相互促进的作用更加明显，国际粮食市场价格的波动也对国内市场产生传导性影响。与这些新态势、新变化相适应，中国必须进一步深化粮食等主要农产品价格，尤其是形成机制的改革。从构建稳定粮食价格的长效机制出发，有必要建立粮食目标价格，形成以市场价格为主体，以最低收购价为下限、以目标价格为上限的三元价格形成机制，并对目标价格的含义、地位、职能、作用及其计量进行了一系列积极探索（戴冠来，2009；孔祥平，2010）。

第二节　目标价格政策实施的历史过程

一、目标价格政策的主要含义与实施过程

农产品目标价格是政府在一定时期内为促进国内特定农产品生产、保障其有效供给、保护生产者和低收入消费者利益，根据其生产成本、供求关系、政府财政负担、消费者承受能力、与国际市场价格的比价关系等而确定的理想价格。以此为依据，当其市场价格低于这个理想价格时，政府对生产者予以价差补贴；当市场价格高于这个理想价格时，则对低收入消费者进行补贴（秦中春，2015）。

目标价格的具体流程包括四个步骤：第一是制定目标价格；第二是获取大豆（或棉花）种植面积和产量；第三是确定种植地块的所属农户；第四是根据价格差异方法补贴，当农户出售的价格低于目标价格时给予差价补贴，当出售的价格高于目标价格时不进行补贴。在实际操作过程中，一般是以省为行政单元，确定省内大豆（或棉花）种植面积和产量，将市场价格与目标价格之间的补贴额度，按照单位种植面积或者产量进行平均，再根据农民实际种植面积或产量进行发放（财政部，2014）。

二、目标价格是农业补贴政策改革的组成部分

目标价格政策是在市场形成农产品价格的基础上，释放价格信号引

导市场预期，通过差价补贴保护生产者利益的一项农业支持政策。2008年，国家发展和改革委员会在《国家粮食安全中长期规划纲要（2008—2020年）》中，提出要探索研究目标价格补贴制度。2014年，中央一号文件也首次提及农产品目标价格制度；十二届全国人大二次会议的政府工作报告也提出，探索建立农产品目标价格制度，市场价格过低时对生产者进行补贴，过高时对低收入消费者进行补贴。建立农产品目标价格制度，推进农产品价格与政府补贴脱钩，是深化农产品价格改革的重要内容。2014年，为探索推进农产品价格形成机制与政府补贴脱钩的改革，逐步建立农产品目标价格制度，切实保证农民收益，国家启动了东北和内蒙古自治区大豆、新疆维吾尔自治区棉花目标价格改革试点，积极探索粮食、生猪等农产品目标价格保险试点，开展粮食生产规模经营主体营销贷款试点。

与目标价格实施相对应，按照党中央、国务院决策部署，2016年在全国全面推开农业"三项补贴"改革，取消原农作物良种补贴、种粮农民直接补贴和农资综合补贴，合并为农业支持保护补贴，政策目标调整为支持耕地力保护和粮食适度规模经营。一是从原农资综合补贴中拿出20%的资金，用于支持粮食适度规模经营，近几年这部分资金重点支持建立农业信贷担保体系建设。二是将80%的原农资综合补贴资金，加上原种粮农民直接补贴和原农作物良种补贴资金，用于耕地地力保护，继续直接发放给种粮农民（农业农村部，2016）。

三、目标价格政策是为更好发挥市场的调节作用

实施大豆目标价格政策，目标是在更好保护农民利益基础上，有利于发挥市场机制作用。试点地区大豆目标价格由国家统一制定，国家采取生产成本加基本收益的方法确定目标价格水平。生产成本加基本收益的方法，可以较好地适应现阶段中国农产品生产成本刚性上升的实际情况。无论市场价格和生产成本如何变动，都可以保障农民种植不亏本、有收益，防止生产大幅滑坡。

市场活动天然有风险，农民是市场经济的主体，在通过市场获得收益的同时，必然也要承担市场波动的风险。大多数行业，市场风险都是由市场主体全部承担的，考虑到农业生产的特殊性，国家对少数重要农产品生产给予适当保护。因此，目标价格只保证农民获得基本收益而不是全部收益。当市场价格下跌时，农民也要承担部分收益下降风险，这样才能真正发挥市场机制作用，引导和增强农民的市场意识，提高农业生产竞争力和抗风险能力。

大豆目标价格政策的优势是，政府不干预市场价格，企业按市场价格收购，有利于恢复国内产业的市场活力，提高国内农产品的市场竞争力。将政府对生产者的补贴方式由包含在价格中的"暗补"变为直接支付的"明补"，让生产者明明白白得到政府补贴，有利于减少中间环节，提高补贴效率。充分发挥市场调节生产结构的作用，有利于使效率高、竞争力强的生产者脱颖而出，提高农业生产组织化、规模化程度，激励农业技术进步，控制生产成本。

第三节　吉林省实施目标价格政策的具体内容与步骤

大豆作为吉林省的主要农产品之一在全国占有重要位置，位于全国前列，吉林省也是中国重要的粮食产区及农产品供应地。国内外市场价格的剧烈波动，将从两个方面影响吉林省农业整体竞争水平的进一步提升。一方面，在生产过程中的自然灾害风险以及农产品流通过程中的市场风险双重压迫下，农户进一步拓展农产品生产范围的动力不足。大豆目标价格通过对大豆价格的保障稳定农户进行大豆生产的预期收益，从而提高农户的生产积极性，消除农户扩大生产规模和采用先进技术等的后顾之忧，从而提升吉林大豆生产的竞争水平；另一方面，就吉林省大豆的出口而言，容易受到国际市场风险影响，目标价格保险的实现进一步提升了其抗市场风险能力，进一步提升农业国际竞争力。

按照国家统一部署，自2014年起吉林省启动大豆目标价格改革政策。《吉林省大豆目标价格改革试点工作实施方案》经国务院批准，由国家发展和改革委员会、财政部下发执行。吉林省《关于贯彻落实大豆目标价格改革试点工作的通知》也已印发各级政府。方案要求市场交易各方，特别是广大农民，全面、准确了解大豆目标价格政策，以根据自身实际情况享受政策。本小节以吉林省为例，对目标价格实施的主要内容、过程与问题进行概述。

一、吉林省目标价格政策改革的主要内容

吉林省大豆目标价格改革的主要内容包括：一是在全省范围内取消大豆临时收储政策。政府不干预市场价格，价格由市场供求决定，生产者按市场价格出售大豆。二是吉林省实行大豆目标价格补贴政策，以国家公布大豆目标价格为标准，当市场价格低于目标价格时，根据目标价格与市场价格的差价对生产者给予补贴；当市场价格高于目标价格时，则不发放补贴。三是吉林省大豆目标价格补贴额采取与种植面积挂钩的方式核定。

补贴标准为国家拨付的吉林省大豆目标价格补贴总额除以全省大豆播种总面积，国家拨付的补贴是针对农业用地内的播种面积的补贴。吉林省大豆目标价格补贴总额由国家根据目标价格与吉林省市场平均价格差额和国家统计局核定的吉林省农业用地大豆总产量来确定。而大豆市场价格由国家发展和改革委员会同农业农村部、国家粮食和物资储备局、中华全国供销合作总社等部门共同监测确定。吉林省大豆目标价格补贴标准所依据的大豆种植面积数据，采用统计部门调查汇总的全省大豆实际播种总面积。

大豆目标价格补贴政策规定，2015年国家发布的大豆目标价格为4 800元/t。政府发放的大豆目标价格补贴，不是农民卖豆价格与目标价格的差价，而是国家测算吉林省市场平均价格与目标价格的差价。农民种植的大豆质量越好，卖出的价格越高，得到的实际收入也就越多。吉林省的大豆目标价格补贴对象是全省大豆实际种植者，而非土地所有者，即"谁种地谁受益"。涉及土地流转情况时，双方要充分协商，落实好补给实际种植者的政策。

二、吉林省目标价格政策的实施过程

首先，依据乡（镇）政府调查统计，建立的种植面积花名册中的统计数据。数据由种植者据实申报，村委会（农场）负责登记、核实、公示，报乡（镇）政府核查。但在有些土地上种植的大豆面积不予核定，如国家、省明确退耕的土地上的种植面积；在未经批准开垦的土地或者在禁止开垦的土地上的种植面积。

其次，在相关部门调查、核实大豆种植面积，测算市场平均价格等工作的基础上，于每年5月底前将补贴资金足额发放给大豆实际种植者。

最后，通过财政部门建立的资金账户发放。发放程序为各市（州）、县（市）财政部门按照统计部门提供的大豆种植面积，将补贴资金发放给各乡（镇）；乡（镇）财政所按照大豆种植面积调查统计的花名册将补贴资金发放给大豆实际种植者。

三、吉林省实施目标价格政策的向好效应

与以往的价格政策相比，目标价格使农产品价格逐步回归真实的市场价格，解决了政策性过量收储、国内外大豆价格严重倒挂使财政补贴大幅增加的问题。以大豆为例，2013年临时收储价4 600元/t，而目前美国大豆进口折算到港成本不足4 200元/t，南美大豆只有4 000元/t左右，收储价和市场价差高达400～600元/t。作为与最后收入直接挂钩的指标，大豆价格是影响农户生产积极性的重要因素，价格的年际、季度的剧烈波动，价格跌至生产成本以下，将严重伤害农户的利益，影响农业生产的积极性。建立大豆目标价格制度，政府不再干预市场价格，让大豆价格主要由市场竞争形成，加工企业按市场价格收购，有利于缓解国内大豆价格高企和国内外大豆价格倒挂问题，使加工企业因此获得价格合理的加工原料而受益、消费者因能享用到价格合理农产品而得到好处。

吉林省农村人均可支配收入增速高于城镇，目标价格的实施有利于稳定大豆生产者的收入水平。2015年年末，全省总人口为2 753.3万人，农村人口占比44.69%，农业生产收入是吉林省农民收入的主要来源之一。

吉林省2011—2015年人均可支配收入的恩格尔系数城镇为25.8%，农村为29.0%，表明农村人均可支配收入增速高于城镇，各项政策支持下，吉林省农村经济向好发展。通过推行大豆目标价格，可以有效防止因大豆价格下跌对普通农户经营收入的负面影响，促进农民科学种豆，种植技术提高，进一步保证大豆生产者收入平稳快速地增长。

四、吉林省实施目标价格过程中的主要问题

农户对目标价格水平比较满意，但对操作落实情况满意度相对较低。从调查来看，试点地区74.2%的农户对目标价格水平满意，但是对市场价格监测、操作方法等满意度不高，影响了农户来年的种植意愿，调查显示，2015年仅有58.4%的受调查农户表示还将种植大豆。主要原因有以下几点。

第一，主要是国家认定的补贴依据面积与实际面积存在偏差，补贴资金被摊薄。由于东北地区素有开荒的传统，地方统计局上报的面积和产量数据到省里基本要被压缩，省里到国家的数据还要再压缩，即形成地方统计局数、小于省农调队数、小于国家核定数。在实际操作过程中，补贴资金是由地方政府发放，为避免纠纷矛盾，地方政府一般按照地方统计面积发放，补贴资金被摊薄。以黑龙江省为例，2014年国家核定的大豆种植面积为3865万亩[1]，资金拨付到地方后，黑龙江省按照省农调队定的4250万亩确定本省补贴标准，由于省农调队定的面积大于国家核定面积，导致补贴标准下降（刘明星，2018）。

第二，市场价格监测点设置不合理，使市场监测价格偏高。大豆市场价格监测点没有依据产量合理设置，导致市场监测价格显著高于主产区实际市场价格。以内蒙古自治区为例，占全区大豆产量80%的呼伦贝尔市只有8个采价点，仅占采价点总量的47%，而作为该市最重要的大豆主产县扎兰屯市却没有1个采价点。而且，市场价格监测点所监测的是企业收购的清粮价，而农民主要是在家里直接出售毛粮，两者之间还有0.2～0.4元/kg的差价。

---

[1]　注：1亩≈667m^2，全书同

第三，工作经费不足，在一定程度上影响了政策落实。目标价格政策的行政成本包括了村干部、县乡工作组、地州工作组的实地测量成本，农户等待的成本，各级干部的交通住宿费用，物资购买（GPS等），再加上宣传等费用，总成本很高。以黑龙江省讷河市为例，2014年仅相关部门大豆补贴调查核实费用就达到31.5万元，其中花费最多的是种植面积的核实工作，约为12.6万元。值得关注的是，以上测算的费用中还没有包含乡镇基层部门的人工成本（徐雪高，2017）。

参考文献

财政部. 2014. 关于大豆目标价格补贴的指导意见[A/OL]. 财建〔2014〕695号，http：//jjs.mof.gov.cn/zhengwuxinxi/zhengcefagui/201411/t20141128_1161139.html. 2014-11-18.

陈锡文. 2015. 当前中国农业发展的主要问题[J]. 中国乡村发现（3）：1-8.

戴冠来. 2009. 粮食目标价格的地位和作用[J]. 中国物价（10）：28-30.

丁声俊. 2014. 对建立农产品目标价格制度的探索[J]. 价格理论与实践（8）：9-13.

樊琦，祁华清，李霜. 2016. 粮食目标价格制度改革研究以东北三省一区大豆试点为例[J]. 宏观经济研究（9）：20-30.

樊琦，祁华清. 2015. 国内外粮价倒挂下粮食价格调控方式转型研究——以东北三省一区大豆试点为例[J]. 宏观经济研究（9）：23-31.

郭海清，申秀清. 2018. 我国粮食价格政策演变及目标价格政策试点现状研究[J]. 价格月刊（1）：46-49.

韩晓松，魏丹，赵玉. 2007. 粮食价格决定机制：基于蛛网模型的实证分析[J]. 价格理论与实践（9）：39-40.

姜长云，杜志雄. 2017. 关于推进农业供给侧结构性改革的思考[J]. 南京农业大学学报（社会科学版）（1）：1-10.

孔祥平，许伟. 2010. 关于建立粮食目标价格的几点思考[J]. 价格理论与实践（3）：15-16.

冷崇总. 2015. 关于农产品目标价格制度的思考[J]. 价格月刊（3）：1-9.

刘明星，杨树果，李晗维. 2018. 黑龙江省大豆目标价格政策实施效果评价[J]. 黑龙江农业科学（1）：137-140.

柳苏芸. 2017. 我国大豆目标价格补贴政策及其效果研究[D]. 北京：中国农业大学.

罗孝玲. 2005. 基于粮食价格的我国粮食安全问题研究[D]. 长沙：中南大学.

马英辉. 2018. 中国大豆目标价格政策的经济效应分析[D]. 北京：中国农业大学.

农业农村部. 2016. 2016年国家落实发展新理念加快农业现代化 促进农民持续增收政策措施[A/OL]. http：//www.moa.gov.cn/gk/zcfg/qnhnzc/201603/t20160330_5076285.htm 2016-03-30.

钱加荣，赵芝俊. 2015. 现行模式下我国农业补贴政策的作用机制及其对粮食生产的影响[J]. 农业技术经济（10）：41-47.

秦中春. 2015. 引入农产品目标价格制度的理论、方法与政策选择[M]. 北京：中国发展出版社.

田聪颖. 2018. 我国大豆目标价格补贴政策评估研究[D]. 北京：中国农业大学.

辛翔飞，张怡，王济民. 2016. 我国粮食补贴政策实施状况、问题和对策[J]. 农业经济（9）：89-91.

徐雪高，齐皓天，张振，等. 2017. 大豆目标价格补贴政策及其执行效果分析[J]. 中国物价（2）：26-29.

张凡凡，张启楠，李福夺，等. 2018. 粮食补贴政策对粮食生产的影响研究——基于2004—2015年粮食主产区的省级面板数据[J]. 经济研究导刊（22）：37-40.

张磊，罗光强. 2019. 粮食生产补贴政策的可及性及优化策略研究——基于粮食规模经营完全成本视角[J]. 山西农业大学学报（社会科学版），18（2）：59-67.

张照新，陈金强. 2007. 我国粮食补贴政策的框架、问题及政策建议[J]. 农业经济问题（7）：11-16.

第二章
目标价格政策的激励作用分析

吉林省敦化市地处种植结构调整的"镰刀弯"区域，也是中国东北地区的"产豆大县"，2015年大豆出口量占全国的28%，受各方面因素的影响，大豆种植面积急剧下滑，从近年最高时的12.5万亩缩减到5.7万亩（新华社，2016）。该章采用历史统计数据，分析目标价格是否对大豆种植面积具有正向激励作用，作为开展目标价格实施效果遥感监测业务的理论依据。

第一节 敦化市农业资源概况

敦化市位于东经127°28′～129°13′、北纬42°42′～44°30′，行政区划上属于吉林省延边朝鲜族自治州县级市，居延边朝鲜族自治州西部。地处北半球中温带湿润气候区中的温凉和冷凉气候区，属大陆性季风气候。年平均气温2.9℃，年平均降水量550～630mm，有效积温2 400～2 500℃，无霜期110～120d。地处长白山脉的东部山区，地势特点为四周高、中部低，境内平均海拔高度为756m。气候主要受海拔的影响，一般是地势高气温低，地势低气温高；但也受复杂的地形影响，形成各种各样的小气候区。春季干燥多风，夏季温热多雨，秋季温和冷凉，冬季漫长寒冷。

敦化市是国家500个商品粮基地县之一，主要农作物有大豆、水稻、玉米；经济作物及特产品有参药、烟叶、马铃薯、柞蚕、甜菜、食用菌和菊花等，冷凉的气候特点，使敦化市成为全国优质小粒黄豆主要出口基地，占全国出口的90%。吉林省敦化市地理位置如图2-1所示。

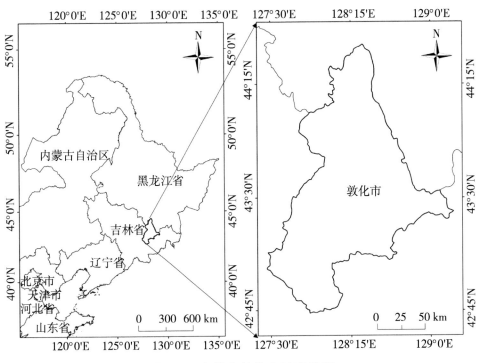

图2-1　吉林省敦化市地理位置

第二节　分析思路与模型设定

主要思路是采用历史统计数据分析目标价格对农作物种植面积的增加、减少是否有影响，以及影响程度的大小。具体过程是，首先收集农作物种植面积、农作物收购价格、政府政策、技术人员投入等可能影响农作物种植面积的因素，采用多元回归分析的方法建立影响大豆种植面积变化的模型，通过模型分析得出影响种植面积变化的主要因素。所有分析过程均基于SPSS统计软件开展。

模型建立过程中，对选择的影响因子进行了评价，评价方法主要是采用因子间相关性检验、主成分分析两种方法，检验入选因子间是否具有明显相关性，以及是否具有对种植面积具有显著的影响。通过因子有效性检验后，采用逐步回归对变量予以确认和剔除，最后确定回归模型。剔除是通过筛选、挑选偏回归平方最大和贡献最小的变量。无论是确认变量还是剔除变量，都要验证其偏回归平方和贡献值，这个步骤反复循环，直至再也选择不出符合条件的选入项和剔除项为止。逐步回归的方法剔除了对因变量影响小的因素，减小了分析问题的难度，提高了计算效率，有较好的预测精度。

第三节　统计数据的收集与整理

为保证分析数据的完整性，该节的研究数据除来自《中国统计年鉴》《吉林统计年鉴》《中国农村统计年鉴》《中国农业统计资料》等年鉴资料外，还收集了中华人民共和国国家统计局（http：//www.stats.gov.cn/）、中华人民共和国农业农村部种植业管理司（http：//www.zzys.moa.gov.cn/）、中华人民共和国国家发展和改革委员会（http：//www.ndrc.gov.cn/）等网站发布信息或统计资料。

选取的数据指标有全国大豆进口量、大豆临储价格和目标价格、吉林自然灾害面积数据（用以替代敦化自然灾害面积）、吉林恩格尔系数（用以替代敦化恩格尔系数）、敦化大豆净现金收入、敦化玉米净现金收入、敦化农业技术人员、敦化农村常住居民、人均可支配收入等数据。数据的起止年份为2008—2016年9年统计数据，表2-1为分析所用原始数据列表。

大豆目标价格政策于2014年开始实行，截至2016年时只有三组数据，数据过少，会导致后续分析无法开展。考虑到目标价格政策实施之前，大豆实行临储收购价格政策，可将临储收购价格与目标收购合并为一项指标进行分析，在一定程度上也能够表明目标价格政策对种植面积的激励作用。

表2-1 分析目标价格与大豆种植面积关系的统计资料

年份 （年）	全国 大豆 进口量 （万t）	全国临储/ 目标价格 （元/kg）	吉林省 自然灾害 （万亩）	吉林省 恩格尔 系数	敦化市大 豆面积 （万亩）	敦化市大 豆净现金 收入 （元/亩）	敦化市 玉米净现 金收入 （元/亩）	技术 人员 （人）	敦化市居 民人均可 支配收入 （元）
2008	3 670	3.7	870	39.6	111.31	174.26	150.85	965	4 392
2009	4 255.2	3.74	4 006.5	35.13	160.06	139.15	197.75	1 033	4 735
2010	5 480	3.8	1 344.15	36.7	150.14	170.49	296.56	952	5 416
2011	5 264	4	924.6	35.3	116.25	134.36	344.76	945	6 250
2012	5 838	4.6	949.2	36.7	84.42	164.05	339.68	1 939	7 350
2013	6 338	4.6	934.8	33	99.09	108.26	271.82	1 000	8 351
2014	7 140	4.8	1 033.95	29.6	98.11	66.37	311.47	485	8 466
2015	7 835.63	4.8	1 269	29	89.1	70	297	492	8 965
2016	8 321.81	4.8	1 300	28.5	93.67	74	288	480	9 200

表2-1中的恩格尔系数指的是食品支出总额占个人消费支出总额的比重，恩格尔系数达59%以上为贫困，50%～59%为温饱，40%～50%为小康，30%～40%为富裕，低于30%为最富裕。

第四节 敦化市大豆种植面积变化趋势

采用表2-1中的数据，作出2008—2016年大豆种植面积随年份变化的趋势图，如图2-2所示。从图2-2中可以看出大豆种植面积是先上升后下降，达到最低值后呈平缓变化的趋势。敦化市大豆种植面积9年平均值为7.42

万亩，2009年为9年最大值为10.67万亩，2015年为9年最小值为5.94万亩。2012年前后为变化最为明显的时间点，2012年以前平均值为8.96万亩，2012年以后（含2012年）为6.19万亩，相差2.77万亩，变化率为30.91%。

图2-2　敦化市9年间大豆种植面积变化趋势

第五节　影响种植面积的评价指标选择

参考已有文献中建立的农业科技进步评价体系（姜明伦，2009），建立影响粮食种植面积的指标，其主要涉及农民本身、人力投入、政府政策、经济发展、财力投入及环境因素6个方面内容，包括农民受教育程度、家庭负担、技术人员人数、临储价格、目标价格、全国大豆进口量、人均可支配收入、肥料成本、农药成本、种子成本、农业机械化成本和自然灾害成灾率12个参评指标，指标体系层次如图2-3所示。

影响大豆种植面积的因素有很多，有的影响因素可能会对种植面积的预测产生直接影响，因此必须要考虑，但有些因素的作用可以忽略不计。从上述指标评价体系中，选择全国大豆进口量、大豆临储价格和目标价格、吉林自然灾害面积数据（用以替代敦化自然灾害面积）、吉林恩格尔系数（用以替代敦化恩格尔系数）、敦化大豆净现金收入、敦化玉米净现金收入、敦化农业技术人员、敦化农村常住居民、人均可支配收入等因子作为自变量，大豆种植面积为因变量，进行因子有效性，以及对种植面积影响程度的分析。

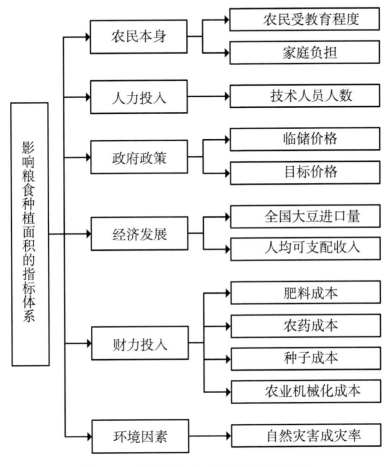

图2-3　影响粮食种植面积的指标体系

第六节　入选因子有效性检验

因子分析的目的是从原有众多变量中综合出少量具有代表意义的因子变量，这必定有一个潜在的前提要求，即原有变量之间应具有较强的相关关系。

根据研究问题选取原始变量，在本题中选取了影响种植面积的8个因素指标作为原始变量→对原始变量进行标准化处理并且求出其相关矩阵，分析变量间的相关性→求解初始公共因子以及因子载荷矩阵→求因子旋转矩阵→求出因子得分→根据因子得分值进行进一步分析。

采用KMO检验、Bartlett检验两种方法对原始数据间的相关性进行检验，在数据标准化基础上，采用主成分分析方法（Zhao et al，2000）对因子代表性进行检验。选取的8个影响因子及种植面积的变量指定如表2-2所示。

表2-2 因子有效性分析的变量指定

自变量/因变量	变量的意义
y	敦化农村常住居民人均可支配收入
x_1	大豆临储价格和目标价格
x_2	敦化大豆净现金收入
x_3	敦化玉米净现金收入
x_4	敦化农业技术人员人数
x_5	全国大豆进口量
x_6	吉林自然灾害
x_7	吉林恩格尔系数
x_8	敦化农村常住居民

1.数据标准化

对数据进行标准化处理，以消除变量间量纲的影响，其标准化采用标准差标准化方法，其标准化公式如下：

$$x'_{ij} = \frac{x_{ij} - \overline{x_j}}{s_j} \quad (i = 1, 2, \cdots, 9 ; j = 1, \cdots, 8) \tag{2-1}$$

其中，$\overline{x_j} = \frac{1}{9}\sum_{i=1}^{9} x_{ij}$ \hfill （2-2）

$$s_j = \left[\frac{1}{8} \sum_{j=1}^{8} \left(x_{ij} - \overline{x_j} \right)^2 \right]^{\frac{1}{2}} \qquad （2-3）$$

2.Bartlett检验结果

巴特利特球度（Bartlett）检验的统计量是根据相关系数矩阵的行列式得到的，如果该值较大，且其对应的相伴概率值小于用户中心的显著性水平，那么应该拒绝零假设，认为相关系数矩阵不可能是单位阵，即原始变量之间存在相关性，可以进行因子分析。反之，如果该统计量比较小，且其相对应的相伴概率大于显著性水平，则不能拒绝零假设，认为相关系数矩阵可能是单位阵，不适宜做因子分析。

Bartlett球形检验可以判断如果相关阵是单位阵，则各变量独立因子分析法无效。当验结果显示相伴概率<0.05时，说明各变量间具有相关性，因子分析有效。由表2-3可知相关系数矩阵中，相关系数多数大于0.3；由表2-4可知本文巴特利特球度检验统计量为100.967，相应的概率为0.000，小于0.05，拒绝原假设，因此可认为相关系数矩阵与单位矩阵有显著差异。上所述本文中所选指标因素适合用因子分析法进行分析。

表2-3　原始数据相关系数矩阵

	Zscore：x1	Zscore：x2	Zscore：x3	Zscore：x4	Zscore：x5	Zscore：x6	Zscore：x7	Zscore：x8
Zscore：x1	1.000	−0.795	0.554	−0.245	0.903	−0.395	−0.815	0.977
Zscore：x2	−0.795	1.000	−0.307	0.725	−0.849	0.079	0.976	−0.842
Zscore：x3	0.554	−0.307	1.000	0.098	0.577	−0.423	−0.393	0.582
Zscore：x4	−0.245	0.725	0.098	1.000	−0.493	0.005	0.680	−0.361
Zscore：x5	0.903	−0.849	0.577	−0.493	1.000	−0.315	−0.918	0.953
Zscore：x6	−0.395	0.079	−0.423	0.005	−0.315	1.000	0.041	−0.397
Zscore：x7	−0.815	0.976	−0.393	0.680	−0.918	0.041	1.000	−0.872
Zscore：x8	0.977	−0.842	0.582	−0.361	0.953	−0.397	−0.872	1.000

3.KMO测度结果

KMO（Kaiser-Meyer-Olkin）测度是判断原始变量是否适合作因子分析的统计检验方法之一，它比较了观测到的原始变量间的相关系数和偏相关系数的大小，取值在0～1之间。一般而言，KMO测度值>0.5意味着因子分析可以进行，而在0.7以上则效果比较好。

表2-4给出了8个原始变量的KMO测度值，由表2-4可知该文8个变量的KMO测度值为0.502>0.5，表明可以进行因子分析。

表2-4　原始变量KMO和Bartlett测试结果

KMO和巴特利特检验		
Bartlett的球形度检验	上次读取的卡方	100.967
	自由度	28
	显著性	0.000
KMO取样适切性量数		0.502

4.因子代表性分析结果

在提取因子的时候选择的是主成分分析法，特征值大于0.6的标准来提取公因子，通过SPSS 19.0的运算后得出公因子方差、方差解释表如表2-5和表2-6所示。

由公因子方差表2-5可知，提取因子后因子方差的值均很高，表明提取的因子能很好地描述这8个指标；方差解释表2-6表明前3个因子的累积方差贡献率为93.8%，即能够反映总方差的93.8%的信息量，是比较合适的，也即这3个因子能够解释8个指标的93.8%的信息。

表2-5　变量间的公因子方差表

	初始值	提取
Zscore：x1	1.000	0.914
Zscore：x2	1.000	0.970
Zscore：x3	1.000	0.779
Zscore：x4	1.000	0.930

（续表）

	初始值	提取
Zscore：x5	1.000	0.952
Zscore：x6	1.000	0.998
Zscore：x7	1.000	0.998
Zscore：x8	1.000	0.967

表2-6　变量间的方差解释

组件	初始特征值			提取载荷平方和		
	总计	方差百分比（％）	累积（％）	总计	方差百分比（％）	累积（％）
1	5.225	65.307	65.307	5.225	65.307	65.307
2	1.570	19.619	84.926	1.570	19.619	84.926
3	0.714	8.920	93.845	0.714	8.920	93.845
4	0.397	4.966	98.812			
5	0.083	1.035	99.846			
6	0.011	0.136	99.983			
7	0.001	0.017	99.999			
8	6.48E-05	0.001	100.000			

第七节　建立回归模型

根据对模型的设定以及对影响大豆种植面积因素的初步分析，即 2008年$t=1$，以此类推，建立大豆种植面积及其影响因素之间的回归方程（表2-7）：

$$y_t = b_0 + b_1 x_1 + b_2 x_2 + b_3 x_3 + b_4 x_4 + b_5 x_5 + b_6 x_6 + b_7 x_7 + b_8 x_8 + \mu_t \qquad (2-4)$$

式2-4中，x为影响因素；y为种植面积；b为回归系数；t为样本个数；μ为误差项。

使用SPSS 19.0软件，运行2008—2016年大豆种植面积及其影响因素的相关数据，得到如下回归系数结果如表2-8、表2-9所示。

表2-7　回归模型统计相关参数摘要

模型	R	R^2	调整后的R^2	标准估算的错误
1	0.996[a]	0.993	0.942	0.240 513 81

表2-8　回归模型的系数

模型	非标准化系数		标准系数	t	显著性
	B	标准错误	贝塔		
1（常量）	−3.64E-15	0.080		0.000	1.000
Zscore：临储收购价格和目标价格	2.226	1.174	2.226	1.897	0.309
Zscore：敦化大豆净现金收入	4.565	1.462	4.565	3.122	0.197
Zscore：敦化玉米净现金收入	1.017	0.289	1.017	3.513	0.177
Zscore：敦化农业技术人员	−3.342	1.044	−3.342	−3.202	0.193
Zscore：全国大豆进口量	−2.796	1.060	−2.796	−2.638	0.231
Zscore：吉林自然灾害	1.774	0.427	1.774	4.155	0.150
Zscore：人均可支配收入	2.487	1.023	2.487	2.431	0.248

注：a. 因变量：Zscore：敦化大豆种植面积

表2-9　回归模型统计方差结果摘要

ANOVA[a]					
模型	平方和	自由度	均方	F	显著性
回归分析	7.942	7	1.135	19.614	0.172[b]
残差分析	0.058	1	0.058		
总计	8.000	8			

注：a. 因变量：Zscore：敦化大豆种植面积；b. 预测变量：（常量），Zscore：人均可支配收入，Zscore：敦化农业技术人员，Zscore：吉林自然灾害，Zscore：敦化玉米净现金收入，Zscore：全国大豆进口量，Zscore：临储收购价格和目标价格，Zscore：敦化大豆净现金收入

回归结果表明$R^2=0.942$，方程的拟合比较理想。

因为本节采用的是逐步回归的方法来消除多重共线性，使用SPSS 22运行Excel表中数据时，系统已自动将吉林恩格尔系数这一指标排除，即该指标对回归模型无显著影响。当删除吉林恩格尔系数这一指标后，$R^2=0.942$，$F=19.614$，已通过F检验，此时拟合程度最好（表2-10）。

表2-10　排除变量显示表

模型	输入β	显著性	偏相关	共线性统计
				容许
1 Zscore：吉林恩格尔系数	-8.541^b		-1	9.91E-05

注：a. 因变量：Zscore：敦化大豆种植面积；b. 预测变量：（常量），Zscore：人均可支配收入，Zscore：敦化农业技术人员，Zscore：吉林自然灾害，Zscore：敦化玉米净现金收入，Zscore：全国大豆进口量，Zscore：临储收购价格和目标价格，Zscore：敦化大豆净现金收入

由上述回归系数表2-8可得如下回归方程。

$$y=-3.638E-15+2.226x_1+4.565x_2+1.017x_3-3.342x_4-2.796x_5+1.777x_6+2.487x_7$$

第八节　主要结论

从回归模型中可以看出，目标价格对大豆的种植面积有重要的影响，且与大豆种植面积y呈正相关。敦化农业技术人员的系数尽管为负，但不是很显著。结果表明，当目标价格相对越高，农业技术人员数量下降时，大豆种植面积增加。这就从另一方面说明，当年农业机械化水平有所提升，因此从理论和经济上都是说得通的。此外，全国大豆进口量的系数为负，说明当目标价格相对越高，全国大豆进口量下降，大豆种植面积增加是合情合理的。

参考文献

陈菲菲，石李陪，刘乐. 2016. 大豆目标价格补贴政策效果评析[J]. 中国物价
　　（8）：63-66.

方燕，李磊. 2016. 我国大豆目标价格政策实行效果的研究评价——基于大豆
　　价格波动差异性的实证研究[J]. 价格理论与实践（12）：49-51.

贺超飞，于冷. 2018. 临时收储政策改为目标价格制度促进大豆扩种了
　　么？——基于双重差分方法的分析[J]. 中国农村经济（9）：29-46.

吉洁，滕子. 2016. 基于农户视角的大豆目标价格政策评价及完善研究[J]. 价
　　格月刊（9）：37-41.

姜明伦. 2009. 农业科技进步评价指标体系构建研究[J]. 甘肃农业（6）：30-34.

刘慧，秦富，陈秧分，等. 2016. 大豆目标价格改革试点进展情况的个案研究
　　[J]. 经济纵横（2）：73-77.

刘明星，杨树果，李晗维. 2018. 黑龙江省大豆目标价格政策实施效果评价[J].
　　黑龙江农业科学（1）：137-140.

柳苏芸. 2017. 我国大豆目标价格补贴政策及其效果研究[D]. 北京：中国农业
　　大学.

马英辉. 2018. 中国大豆目标价格政策的经济效应分析[D]. 北京：中国农业
　　大学.

田聪颖. 2018. 我国大豆目标价格补贴政策评估研究[D]. 北京：中国农业
　　大学.

田金亭，朱强忠，张凤霞. 2008. 方差分析法在产品检验中的应用[J]. 聊城大
　　学学报（自然科学版），21（1）：23-24.

王文涛，张秋龙. 2016. 大豆目标价格补贴政策效应的理论分析及整体性框架
　　建议[J]. 湖南师范大学社会科学学报（2）：26-34.

王长春. 2017. 粮食目标价格对粮户种粮收入的影响及对策研究——以东北大
　　豆为例[J]. 河南工业大学学报（社会科学版），13（3）：17-23.

新华社. 2016. 吉林敦化："产豆大县"在新希望中重振"粮豆轮作"[A/OL].
　　http：//www. gov.cn/xinwen/2016-07/08/content_5089418.htm 2016-07-08.

尹雪岩，刘飞. 2009. FA监控方法的改进及其应用[C]. 中国过程系统工程年会

暨中国mes年会论文集.

张慧琴，吕杰，王丽. 2016. 基于农户认知视角的目标价格政策探析——以黑龙江省大豆种植户为例[J]. 价格月刊（2）：22-26.

Zhao G，Maclean A L. 2000 A Comparison of canonical discriminant analysis and principal component analysis for spectral transformation[J]. Photogrammetric Engineering & Remote Sensing，66（7）：841-847.

第三章
省级尺度大豆种植面积遥感监测

自20世纪90年代以来，经过近30年的发展，遥感监测技术已经成为与统计数据并列的调查技术，为国家农业宏观决策起到了重要作用。省级尺度上大豆以及大豆同季作物的遥感识别，是目标价格实施效果遥感监测的基础。在东北地区省级尺度上开展农作物面积遥感监测，比较成熟的案例相对较少。主要问题有：第一是在作物生长旺盛的6—8月卫星影像云污染较为严重，导致数据噪声较多；第二是主要作物的物候期相近，导致依靠时序影像进行作物识别困难；第三是覆盖面积广，导致预处理、精细识别等工作量大的问题。

针对上述问题，作者以黑龙江省作为研究区域，选用随机森林方法作为主要的分类方法，利用其抗噪声能力强，参数设置简单，速度快，精度高的优势，研究大尺度区域作物精细识别的业务化工作流程。在考虑云覆盖前提下的样本选择、跨年度样本迁移、影像分类特征选择等因素下，以Landsat 8 OLI影像的图幅框作为基本的分类单元，逐单元进行作物识别，并对分类结果进行拼接获取全省高精度多种作物分类结果。考虑到样本选取工作量的巨大，将2015年的样本设置为样本库，利用自动判别结合人工解译的方式迁移至2016年，极大降低了工作量，最终实现了2015年及2016年黑龙江高分辨率（30m）的玉米—水稻—豆类作物精细识别工作。概要介绍如下。

第一节　相关领域研究进展

传统的分类方法包括监督分类（Gleriani et al，2004；Liang et al，2013；Baup et al，2012）、非监督分类（Luo et al，2013；Wu et al，2012）、面向对象分类（Long et al，2013；Jiao et al，2014）、决策树分类（Rosales et al，2010；Arvo et al，2011）等。而随着近年来机器学习技术的不断发展，基于机器学习方法进行作物精细识别逐渐成为研究的重点，当前常用的机器学习方法包括随机森林（刘毅等，2012）、CART决策树（刘建光等，2010）、C4.5算法（Deng et al，2013）、GBDT算法（曾杰，2017）、支持向量机（Cortes et al，2005）、深度神经网络（Kussul et al，2017）等。

刘磊等（2011）基于TM影像和专家知识决策树及研究区作物的波谱特征，构建专家知识决策树，成功提取了小麦、大麦、油菜、草场等地物，总体精度达86.9%，Kappa系数达0.831 1；康峻等（2014）基于MODIS EVI（enhanced vegetation index，增强植被指数）数据进行植被物候特征参数分析提取，构建专家决策树，结果表明，作物和森林的分类效果较好，总体精度达到了73.63%；张旭东等（2014）利用TM影像，研究使用C4.5算法构建分类决策树，综合使用MODIS时间序列数据进行分类，对比传统最大似然分类，表明精度更高，与统计数据吻合较好；黄健熙等（2015）基于GF-1 WFV单景影像，计算NDVI（Normalized Difference Vegetation Index，归一化植被指数），并对原影像进行主成分变换，建立多特征数据集，使用CART算法构建分类决策树，识别研究区的水稻和玉米，分类总体精度达到了96.15%，Kappa系数0.94，相比最大似然分类方法，精度和Kappa系数分别提高了5.28%和0.08；Kandrika等（2008）使用多时相IRS-P6卫星AWiFS（Advanced Wide Field Sensor，先进宽视场传感器）数据，基于See-5决策树方法对Orissa地区进行土地利用覆盖分类，获得了较高的Kappa系数。Peña等（2014）在对影像进行面向对象分割的基础上，对比分析了C4.5方法、支持向量机方法（Support Vector Machine，SVM）等多种机器学习分类方法对研究区夏季作物进行分类识别的效果，结果表明，支持向量机方法的总体精度高于C4.5方法。

随机森林方法是当前应用较多的机器学习方法之一，是一种高效的组合决策树分类方法，相比传统的决策树构建方法，具有一系列的优势，如训练速度快、实现简单、精度高、易实现并行化、抗噪声能力强的优点，目前在国外各领域中得到了广泛的应用。Pal等（2007）利用Landsat影像及随机森林法进行土地覆盖分类，并与迭代算法、集成学习法、支持向量机法对比，表明随机森林方法在效率和精度上都具有更高的优势；Gislason等（2003）利用多光谱数据和DEM（Digital Elevation Model，数字高程模型）、坡度、坡向等辅助数据，以及随机森林和CART决策树对比分类表明，随机森林法在精度上优于CART算法；Ok等（2012）利用随机森林方法及最大似然方法进行作物分类识别表明，随机森林方法的精度达到了85.89%，比最大似然分类方法提高了大约8%；Deschamps等（2012）基于雷达数据，在加拿大东部和西部区域作物识别的对比表明，随机森林方法相比传统决策树，作物分类精度提升了7%。在国内，随机森林法的应用逐渐兴起，相关研究报道显著增多，主要集中在土地利用、林地分类等方面，同时在农业方面的应用也已取得一定的成果。张晓羽等（2016）利用随机森林方法对漠河县林地植被进行分类，结果表明，总体识别精度为81.65%，Kappa系数0.812，与传统的最大似然分类方法相比，精度提高较多；郭玉宝等（2016）利用国产GF-1卫星影像，及随机森林方法实现了北京市某区域的城市用地分类对比研究，结果表明，较高的精度适合于高分辨率、大数据量和多特征参数的高分影像分类实际生产应用。黄健熙等（2017）基于多时相的GF-1 WFV数据，构建归一化植被指数、增强植被指数、宽动态植被指数（Wide Dynamic Range Vegetation Index，WDRVI）、归一化水指数（Normalized Difference Water Index，NDWI）4个特征指数，并使用随机森林方法提取嫩江玉米和大豆种植面积，总体分类精度达84.82%。

第二节 黑龙江省概况

黑龙江省是中国位置最北、最东，纬度最高，经度最东的省份。黑龙江省西起121°11′，东至135°05′，南起43°25′，北至53°33′，南北跨10个纬度，2个热量带；东西跨14个经度，3个湿润区。面积47.3万km²。黑龙江省地势大致是西北部、北部和东南部高，东北部、西南部低，主要由山地、台地、平原和水面构成。气候为温带大陆性季风气候。全省年平均气温多在-5~5℃，由南向北降低，无霜冻期全省平均介于100~150d，南部和东部在140~150d。大部分地区初霜冻在9月下旬出现，终霜冻在4月下旬至5月上旬结束。

全省年降水量多介于400~650mm，中部山区多，东部次之，西、北部少。在一年内，生长季降水约为全年总量的83%~94%。降水资源比较稳定，尤其夏季变率小，一般为21%~35%。全省年日照时数多在2 400~2 800h，其中，生长季日照时数占总时数的44%~48%，西多东少。

全省太阳辐射资源比较丰富，与长江中下游相当，年太阳辐射总量为44×10⁸~50×10⁸J/m²。太阳辐射的时空分布特点是南多北少，夏季最多，冬季最少，生长季的辐射总量占全年的55%~60%。年平均风速多为2~4m/s，春季风速最大，西南部大风日数最多、风能资源丰富。

黑龙江省拥有三江平原和东北平原两大平原区，农用地面积3 950.2万亩，占全省土地总面积的83.5%，主要农作物包括玉米、水稻和大豆。2016年黑龙江省粮食产量6 058.5万t，水稻、小麦、玉米和大豆分别为2 255.3万t、29.0万t、3 127.4万t和503.6万t。黑龙江省是我国重要的商品粮基地，水稻、玉米、大豆等在我国的粮食生产结构中占据重要地位，随着近年来农业种植结构调整政策的实施，监测各类作物的种植面积具有越来越重要的意义。研究区的位置如图3-1所示。

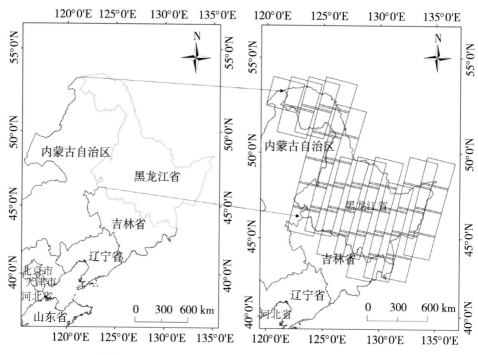

图3-1　研究区黑龙江省及Landsat图幅框位置

第三节　Landsat 数据获取及预处理

一、Landsat数据概况

选用Landsat 8 OLI影像数据作为数据源。2013年2月11日，NASA成功发射了Landsat 8卫星，携带有两个主要载荷：OLI和TIRS。其中OLI（Operational Land Imager，陆地成像仪）包括9个波段，8个波段空间分辨率为30m，1个全色波段空间分辨率为15m，成像幅宽为185km×185km。OLI包括了ETM+传感器所有的波段，为了避免大气吸收特征，OLI对波段进行了重新调整，比较大的调整是OLI Band5（0.845～0.885μm），排除了0.825μm处水汽吸收特征。OLI传感器的主要波段参数如表3-1所示。

表3-1　Landsat 8 OLI传感器主要参数

波段名称	波段（μm）	空间分辨率（m）
Band1 Coastal	0.433 ~ 0.453	30
Band2 Blue	0.450 ~ 0.515	30
Band3 Green	0.525 ~ 0.600	30
Band4 Red	0.630 ~ 0.680	30
Band5 NIR	0.845 ~ 0.885	30
Band6 SWIR1	1.560 ~ 1.651	30
Band7 SWIR2	2.100 ~ 2.300	30
Band8 Pan	0.500 ~ 0.680	15
Band9 Cirrus	1.360 ~ 1.390	30

二、Landsat数据需求

要实现黑龙江省Landsat 8 OLI的全覆盖，至少需要42个图幅框的数据，各图幅框的覆盖范围如图3-1所示。从图可以看出，不同图幅间东西方向重叠度较高，南北重叠度较低。因此在行方向，以间隔1个图幅框的方式挑选优先分类图幅框单元，这些图幅框之间相互不重叠，避免了样本挑选过程中的重复工作。而对于剩余图幅框则在优先分类图幅框分类完成后，收集重叠范围内的已获取样本作为训练样本，同时补充不重叠区域的样本数量。

下载获取2015年及2016年3月至10月的Landsat影像，共获得了627景和631景，同时统计各景影像的云覆盖量，统计结果如图3-2所示。可以看到，影像中的大部分都存在一定的云覆盖，真正完全的晴空影像数量很少，按照10%以下统计，2015年晴空影像为190景，2016年为162景，相当于每个图幅框平均仅4景左右的晴空影像。晴空影像的分布也不均匀，对于作物主要生育期的6—8月这3个月，晴空影像的数量更少，如图3-3所示，可以看到2015年6—8月的晴空影像仅49景，2016年仅42景，平均每个图幅框只有一景晴空。因此，使用部分有云影像进行分类是大尺度区域作物精细识别的必然要求。本研究选用云量小于60%的Landsat影像参与作物识别，这样，共获得2015年和2016年的Landsat OLI影像为440景和429景参与分类。

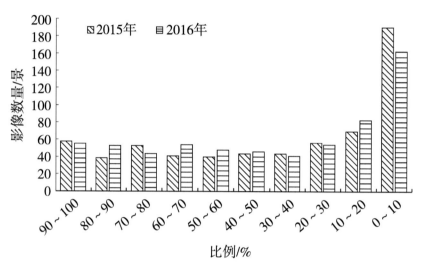

图3-2　黑龙江省3—10月Landsat OLI影像云量统计

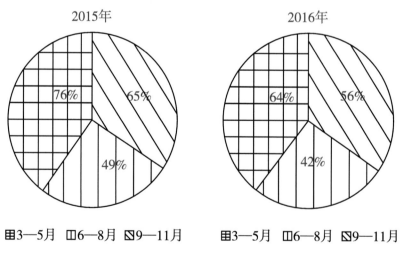

图3-3　黑龙江Landsat晴空影像（<10%）时间分布

三、大气校正及指数计算

Landsat预处理包括大气校正、植被指数计算等两方面内容。大气校正主要使用大气辐射传输模型等定量校正模型为主，主要使用ENVI软件FLAASH模块完成。考虑数据量较大，基于IDL编程语言结合FLAASH模块进行批处理完成大气校正。指数影像的计算包括NDVI（黄青等，2011）、EVI、地表水体指数（Land Surface Water Index，LSWI）和改进归一化水体指数（Modified Normalized Difference Water Index，MNDWI）。

NDVI是应用最广泛的植被指数之一，在作物提取、作物长势和产量等遥感监测领域拥有广泛的应用。EVI是针对NDVI在植被密度较高时容易饱和的缺陷，通过解耦植被冠层信号和大气阻抗，增强遥感影像中的植被信息，提高植被指数在植被浓密区域的敏感性和探测能力。

LSWI指数则对植被冠层水分含量的变化较敏感，且相比NDVI更不容易受到大气效应影响。

MNDWI则可以有效区分水体、植被以及建成区。各指数的计算公式参见下文公式，公式中的NIR代表近红外波段反射率值，Red代表红光波段反射率值，SWIR代表短波红外反射率值。

由于Landsat有两个短波红外波段，因此使用Landsat影像计算NDWI和MNDWI指数时，取其两个SWIR波段的均值代入公式进行计算。

$$NDVI = \frac{NIR - Red}{NIR + Red} \qquad (3-1)$$

$$EVI = 2.5 \times \frac{NIR - Red}{NIR + 6.0 \times Red - 7.5 \times Blue + 1} \qquad (3-2)$$

$$LSWI = \frac{NIR - SWIR}{NIR + SWIR} \qquad (3-3)$$

$$MNDWI = \frac{Green - SWIR}{Green + SWIR} \qquad (3-4)$$

第四节　遥感影像云检测方法

遥感影像的云识别使用FMASK（Function of Mask）算法。FMASK方法（Zhu et al，2012；蒋嫚嫚等，2015）是一种面向对象的云和云阴影检测算法，它能为每景影像提供云、云阴影、雪覆盖等的识别，并已被广泛应用在卫星影像云识别领域。该算法使用表观反射率TOA和亮温BT数据作为输入数据，基于云的物理属性来识别潜在的云像元和晴空像元。通过计算归一化温度云归属概率、光谱指数云归属概率和亮度云归属概率，生成一个可能的云污染掩模。接着，使用近红外波段生成一个可能的云阴影，并使用一个温度降低比率来构建3D的云对象。FMASK算法的主要内容及公式如下。

1.潜在云像元识别

首先结合使用多种光谱测试，识别潜在的云像元（Potential Cloud Pixels，PCPs），光谱测试内容如下。

首先，是基本测试，通过之后在进入下一步：

Basic Test=Band7>0.03 and BT<27 and NDSI<0.8 and NDVI<0.8

NDSI=（Band2−Band5）/（Band2+Band5）

NDVI=（Band4−Band3）/（Band4+Band3）

其次，使用白色颜色测试，云的颜色以白色为主，指标小于0.7。

MeanVis=（Band1+Band2+Band3）/=3

$$\text{Whiteness Test} = \sum_{i=1}^{3} \left| (\text{Band } i - \text{MeanVis}) / \text{MeanVis} \right| < 0.7$$

再次，使用HOT（Haze Optimized Transformation）测试。

HOT Test=Band1−0.5*Band3−0.08>0

最后，为了剔除岩石、浑浊水体、冰雪等高亮度像元，使用如下测试。

B4/B5 Test=Band4/Band5>0.75

Water Test=（NDVI<0.01 and Band4<0.11）or（NDVI<0.1 and Band4<0.05

以上测试全部通过，则认为是潜在的云像元。

2.云概率计算

使用剩余的晴空像元计算所有像元的云概率。由于陆地和水体差异较大，两者分开计算，并使用Water Test进行识别。该步骤主要使用亮温计算。

3.云阴影确定

使用近红外波段和Flood-fill转换来确定云的阴影，如图3-4所示。

4.面向对象的云及阴影监测

使用面向对象的云检测方法，完成云和云的阴影识别，云及阴影检测结果示例如图3-5所示。

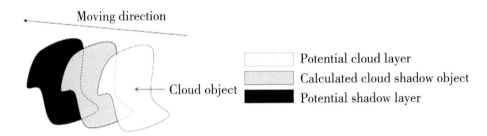

图3-4　FMASK方法云阴影探测示意

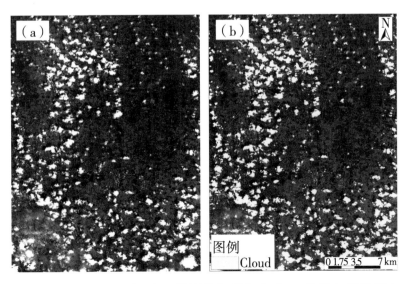

图3-5　云检测结果（a为原始影像假彩色合成，b为叠加云掩模）

第五节　作物识别技术流程

基于随机森林方法的黑龙江高分辨率作物精细识别技术流程如图3-6所示。按照具体过程，可以划分为以下9个步骤。

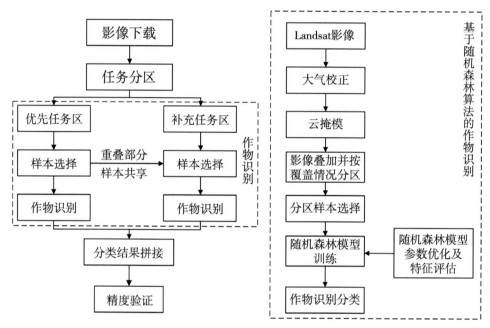

图3-6　基于随机森林方法的黑龙江玉米及水稻高分辨率识别工作技术流程

1.任务区进行划分

由于黑龙江省幅员辽阔，涵盖了42个Landsat图幅框，为了便于进行作物识别工作，首先按照Landsat影像的图幅框，将黑龙江划分为多个任务区。另外，考虑到东西相邻的两景Landsat影像之间存在较多的重叠部分，为了减少工作量，按照隔一个图幅框一景的原则，挑选不相邻的图幅框作为优先分类任务区，剩余任务区作为补充任务区。

2.影像的获取及预处理

针对优先任务区，下载Landsat卫星影像，进行大气校正、云掩模等处理，并计算NDVI/EVI/LSWI/MNDWI等指数，并按照图幅框进行裁切，将所有裁切后的影像波段进行叠加。

3.样本选择

对叠加后的影像，针对每一个像元，将其按照有效影像的覆盖情况，进行进一步的分区，将影像划分为多个样本选择区域。每一个样本选择区域的影像覆盖情况不同，因此需要针对每一个样本区域独立选择样本，提高影像的分类精度。考虑到实际作业过程简便，使用先随机均匀布局样本，然后逐景影像分析，在每一景影像的有效值区域和无效值区域，均需要选择一定数量的样本。这样，即可完成所有影像覆盖情况下的样本覆盖。依靠随机森林分类算法对于同类样本光谱差异的良好适应能力，以及充足合理的样本，可以获得高精度的分类结果。样本选择的流程如表3-2所示。

表3-2　复杂覆盖度情况下样本选择流程统计

步骤	开始
1	在整个任务区均匀随机选择各类地物样本，获得样本集D_1
2	假设所有影像数据集I中共有m景影像
3	对影像数据集I中的任意一景影像，在其有效值范围内和无效值范围内（无效值包括未覆盖和云污染），检查D_1中是否拥有足够的样本，若样本不足，则进行选择，并将其加入样本集D_1中
4	重复第3步，直至I中所有影像均选择了足够的样本
	结束

4.样本类型的确定

样本的类别包括玉米、水稻、大豆等主要作物及其他地区，由于每一个任务区的类别可能都不同，因此需要根据实际情况进行样本类别的确定。样本的识别主要依靠地面调查获取的专家知识，依靠目视解译方式，结合Rapideye高分辨率影像（5m）以及Google Earth卫星影像等，手动选取。根据实际情况，采用NIR-SWIR1-RED作为RGB假彩色合成的3个通道，最适合进行三种作物的目视识别。其中，玉米和大豆的最佳识别时期是其生长旺盛的7—9月，玉米呈现红色，而大豆在图上呈现黄色；水稻的最佳识别时期为5—6月，该时期水稻田正处于灌水状态，在影像上总体呈现深蓝色，易于识别提取，而至7月之后，水稻呈现出砖红色。具体如图3-7所示。

a.水稻第161d；b.水稻第241d；c.大豆；d.玉米第241d假彩色合成特征

图3-7　水稻、玉米、大豆识别特征

5.训练及测试样本划分

选择足够的样本后，挑选其中80%作为机器学习模型的训练样本，剩余20%作为测试样本，用于确定任务区分类的精度情况。

6.建立随机森林分类模型

利用随机森林模型，使用训练样本进行分类模型的训练，完成训练之后，使用分类模型对整个任务区进行作物识别分类，并使用测试样本对分类结果的精度进行检验，检验结果使用混淆矩阵形式给出，包括总体精度、用户精度、制图精度和kappa系数。

7.补充任务区分类

在完成优先任务区分类后，对于补充任务区，挑选优先任务区中重叠部分的样本作为初始的样本集，并对没有样本覆盖的地区按照步骤4进行样本选择。分类流程与优先任务区相同。

8.年际间样本的迁移

完成2015年度任务后，将所有样本作为初始样本数据库，用于2016年的作物分类识别。在进行2016年样本分类时，对于初始样本库中的样本，逐个判断是否发生变化，若发生变化则将其修改为对应的类别或将其删除。在分析样本数量和代表性的基础上，对2016年的样本进行补充，并在最终样本库的支持下进行作物识别（图3-8）。

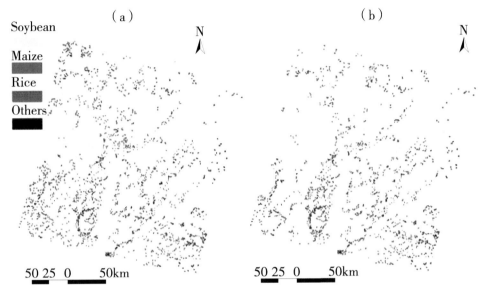

a. C118R027图幅框2015年；b. 2016年样本迁移结果

图3-8　样本迁移结果

9.分类成果的镶嵌

完成识别后，对分区提取的地物类别分类结果进行合并，对于重叠部分分类结果不一致的，类别确定的规则是按照每一个像元所处任务区该类别的用户精度选择，哪一类别的用户精度高，则确定该像元为该类别。

第六节　随机森林分类方法

随机森林分类（Random Forest Classification，RFC）是Breiman于2001年提出来的一种较新的多决策树分类方法，该方法通过在数据上及特征变量上的随机重采样，构建多个CART类型决策树（不剪枝），通过多决策树投票的方式确定数据的类别归属。随机森林方法对于遥感影像分类具有很好的抗噪声性能，分类精度较高。该法利用样方数据自动构建分类决策树，属于监督分类的一种。

1.样本选择原则

随机森林算法从原始样本数据集中抽取N个训练样本集，每个训练样本集都是从原始样本集中随机有放回地抽取大约2/3，剩余的约1/3作为验证样本，称为袋外数据（Out-of-bag，OOB）进行内部误差估计，并利用OOB数据计算各特征变量的重要性。

2.森林参数确定

随机森林在构建每棵树时，并不选用全部特征，而是通过有放回随机抽取的方式，从原始的特征集中（假设共K个特征）抽取k个（k≤K）特征作为决策树分类依据，构建数据特征预测变量集。一般情况下，k值设置为K的平方根即可。

3.决策树的构建

根据选取的训练样本、验证样本，以及特征预测变量集，参照CART决策树构建方法，通过递归建立一个分类二叉树。假设样本有k个属性特征，对于每个属性特征，参照Gini指数选取一个最佳划分值x，Gini指数越小即认为划分后的类别中杂质含量越低，分类纯度越高。假设一个样本共有m类，则二叉树节点A的Gini指数计算方式如3-5。

$$Gini(A)=1-\sum_{i=1}^{m}p_i^2 \qquad (3-5)$$

式中，p_i代表属于i类，当Gini（A）=0时所有样本属于一类。递归的过程则是针对当前节点，尝试样本每一个属性特征，计算各属性变量中Gini指数最小的值作为该节点的最佳属性划分值，构建一个最优分支子树。根据以上分裂规则，对样本进行充分的二叉树生长，构建一个完整的CART树，一般情况下不对该树进行剪枝操作。

4.决策森林的构建

重复步骤（3），直到构建完成N棵分类树，进而形成一个随机分类树的森林，将影像的每一个像元使用所有的分类树进行分类，采用多数投票方式综合分类结果，确定该像元的最终从属类别。

由于随机森林采用样本和特征的双重随机抽样构建决策树，因此即使不对分类树进行剪枝操作，也不会出现传统CART决策树过拟合的现象。

第七节 结果分析

1.基于样本的精度验证

利用测试样本，对黑龙江省作物精细识别结果进行精度验证，结果也表明总体精度达到95%，玉米用户精度达到92%，制图精度达到90%；大豆用户精度达到87%，制图精度达到89%；水稻用户精度达到85%，制图精度达到91%。结果表明，各类作物的识别均达到了85%以上的精度，说明结果在空间分布上的可靠性（图3-9）。

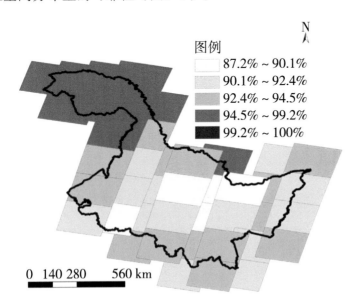

图3-9 2016年黑龙江省玉米、大豆、水稻识别总体精度空间分布

总体精度验证结果表明，基于随机森林的黑龙江省作物高分辨率遥感监测结果可以获得较高的精度。

2.遥感识别结果

黑龙江省2015年和2016年主要农作物玉米、水稻、大豆的分布情况如图3-10所示。由图可以看出，在黑龙江省的东北平原最北端的黑河市南部、齐齐哈尔市和绥化市北部（图3-10中黑色线框处），可以观察到明显的玉米改种大豆现象。

2015年，黑龙江省玉米种植面积12 144.34万亩，大豆种植面积3 702.18万亩，水稻种植面积5 711.12万亩；2016年黑龙江省玉米种植面积9 718.09万亩，相比2015年调减2 426.25万亩，大豆种植面积5 320.67万亩，相比2015年增加1 618.49万亩，水稻种植面积6 271.76万亩，相比2015年增加560.64万亩。

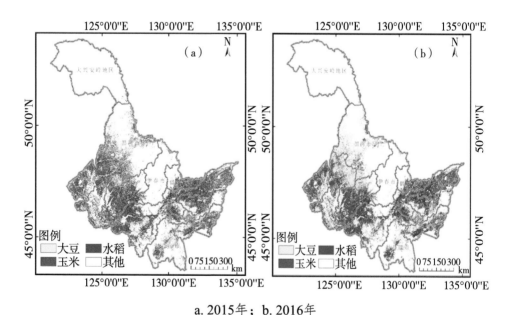

a. 2015年；b. 2016年

图3-10　黑龙江省2015年和2016年主要作物分类结果（30m）

3.与统计数据对比

参考2015年黑龙江省统计年鉴，2015年黑龙江省玉米种植面积为

11 584.5万亩，大豆种植面积为3 729万亩，水稻种植面积为5 764.5万亩，遥感监测结果与统计资料基本一致。参考2016年黑龙江省统计年鉴，2016年黑龙江省玉米种植面积为9 664.5万亩，大豆种植面积为5 055万亩，水稻种植面积为5 715万亩。依据统计资料，玉米种植面积减少1 920万亩，大豆种植面积增加1 326万亩，水稻种植面积减少49.5万亩。

若以统计资料为真值，统计2015年和2016年黑龙江省三种主要作物总面积及各类作物面积监测精度，结果如表3-3所示。从中可以发现，基于遥感监测的高分辨率黑龙江作物识别结果的精度较高，总误差2015年仅为2.28%，2016年仅为4.29%。

表3-3　2015年及2016年度黑龙江省主要作物遥感监测与统计资料对比

年份	作物类型	监测结果对比			
		遥感监测（万亩）	统计资料（万亩）	误差（万亩）	误差（%）
2015年	玉米	12 144.34	11 584.5	559.84	4.83
	大豆	3 702.18	3 729	−26.82	−0.72
	水稻	5 711.12	5 764.5	−53.38	−0.93
	总计	21 557.64	21 078	479.64	2.28
2016年	玉米	9 718.09	9 664.5	53.59	0.55
	大豆	5 320.67	5 055	265.67	5.26
	水稻	6 271.76	5 715	556.76	9.74
	总计	21 310.52	20 434.5	876.02	4.29

4.地区级行政单元对比

对各作物种植面积分地区进行统计，结果显示，2016年大豆主要分布在黑河市、齐齐哈尔市和绥化市，分别占黑龙江省大豆种植总面积的39.33%、26.25%和10.43%；与2015年相比，齐齐哈尔市、黑河市和绥化市是大豆种植面积增加最多的地区，分别增加了796.67万亩、525.86万亩和225.79万亩，占全省大豆增加面积的49.22%、32.49%和13.95%。2016

年玉米主要分布在齐齐哈尔市、绥化市和哈尔滨市，分别占全省玉米种植总面积的18.81%、18.23%和17.83%；与2015年相比，齐齐哈尔市、黑河市、大庆市是玉米种植面积调减最多的地区，分别调减了790.42万亩、676.21万亩和257.48万亩，占全省玉米调减面积的32.58%、27.87%和10.61%（表3-4）。

表3-4　黑龙江省大豆、玉米、水稻面积遥感监测统计　（单位：万亩）

地区	2015年			2016年		
	大豆	玉米	水稻	大豆	玉米	水稻
哈尔滨市	169.16	1 990.61	949.34	261.85	1 733.13	985.33
大庆市	6.75	859.83	150.34	61.05	768.07	173.50
齐齐哈尔市	600.09	2 618.77	549.96	1 396.76	1 828.35	617.95
绥化市	329.42	1 979.34	489.78	555.21	1 771.54	577.47
黑河市	1 566.85	1 299.13	25.74	2 092.71	622.92	42.46
伊春市	95.57	77.94	73.18	91.68	44.35	71.64
佳木斯市	152.91	928.53	1 657.33	147.45	878.79	1 787.91
鹤岗市	24.44	337.20	432.30	69.64	304.53	437.53
七台河市	63.60	255.80	39.67	70.87	247.79	53.04
牡丹江市	362.41	549.67	93.41	227.99	522.47	118.20
双鸭山市	124.90	770.11	513.90	165.28	589.38	605.85
大兴安岭地区	96.44	15.81	0.00	73.22	7.40	0.00
鸡西	109.62	461.61	736.16	106.97	399.36	800.88
合计	3 702.18	12 144.34	5 711.12	5 320.67	9 718.09	6 271.76

5.不同种植区域对比

参考黑龙江省光温水等种植条件，将全省分为大豆—玉米高产区、玉米高产—大豆稳产区、大豆稳产—玉米低产区、玉米稳产—大豆低产区四个区域，对各区域内大豆—玉米种植面积及变化情况进行评价。2016年大豆—玉米高产区大豆面积增加123.89万亩，玉米面积减少470.50万亩；玉米高产—大豆稳产区大豆面积增加906.01万亩，玉米面积减少974.79万亩；大豆稳产—玉米低产区大豆面积增加524.94万亩，玉米面积减少859.66万亩；玉米稳产—大豆低产区大豆面积增加63.65万亩，玉米面积减少121.30万亩。结果显示，2016年黑龙江省大豆增加、玉米调减区域主要集中在玉米高产—大豆稳产区以及大豆稳产—玉米低产区，表明种植结构调整的合理性（图3-11和表3-5）。而大豆—玉米高产区的大豆—玉米种植面积调整比例较小，尚有进一步调整的潜力。

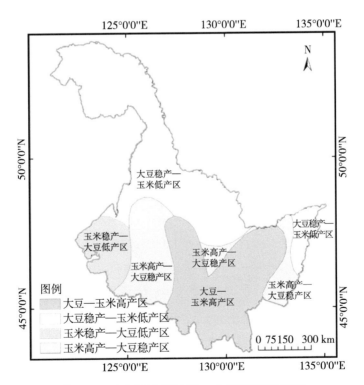

图3-11 黑龙江省玉米、大豆适宜种植区

表3-5　黑龙江省各适宜种植区划大豆、玉米、水稻面积遥感监测统计

（单位：万亩）

地区	2015年			2016年		
	大豆	玉米	水稻	大豆	玉米	水稻
玉米高产—大豆稳产区	1 017.88	4 849.15	1 654.73	1 923.88	3 874.36	1 834.61
玉米稳产—大豆低产区	31.85	1 684.00	480.53	95.51	1 562.70	531.07
大豆稳产—玉米低产区	1 561.41	1 843.11	872.45	2 086.35	983.46	1 005.13
大豆—玉米高产区	1 091.04	3 768.07	2 703.42	1 214.93	3 297.57	2 900.95
总数	3 702.18	12 144.34	5 711.12	5 320.67	9 718.09	6 271.76

第八节　主要结论

　　研究表明，使用基于随机森林方法的大尺度区域高分辨率作物类型精细识别技术流程的可行性，可以获得高精度的大尺度区域多种作物高分辨率空间分布成果。对比统计资料，2015年遥感监测玉米、水稻、大豆三种主要作物的面积监测误差仅2.28%，其中，玉米的误差仅为4.83%，大豆的误差仅为-0.72%，水稻误差仅为-0.93%；2016年的遥感监测三种作物面积监测总误差仅为4.29%，其中玉米的误差仅为0.55%，大豆的面积监测误差为5.26%，水稻的遥感监测误差稍大，为9.74%。造成2016年水稻监测误差较大的主要原因是2016年水稻种植主要区域三江平原晴空影像缺失较多。

　　同时，统计2016年和2015年两年之间玉米、大豆轮作面积情况，遥感监测结果表明，2016年相比2015年，玉米面积调减2 426.25万亩，大豆种植面积调增1 618.49万亩，表明中国种植结构调整中粮豆轮作在黑龙江地

区起到了积极且显著的作用。

根据黑龙江省玉米—大豆种植适宜区划结果，依据2015—2016年黑龙江省作物遥感监测结果，统计后发现，黑龙江省2015—2016年度玉米—大豆调整区域主要位于玉米高产—大豆稳产区以及大豆稳产—玉米低产区，表明种植结构调整的合理性。而大豆—玉米高产区的大豆—玉米种植面积调整比例较小，尚有进一步调整的潜力。这也表明遥感监测结果对于种植结构的合理调整具有的重要作用。

在总耗时方面，排除数据下载时间，影像预处理、样本选择、作物分类、结果拼接及验证，共投入3人，总耗时2周，表明该方法具备大尺度区域应用的潜力。

参考文献

郭玉宝，池天河，彭玲，等. 2016. 利用随机森林的高分一号遥感数据进行城市用地分类[J]. 测绘通报（5）：73-76.

黄健熙，侯矞焯，苏伟，等. 2017. 基于GF-1 WFV数据的玉米与大豆种植面积提取方法[J]. 农业工程学报，33（7）：164-170.

黄健熙，贾世灵，武洪峰，等. 2015. 基于GF-1 WFV影像的作物面积提取方法研究[J]. 农业机械学报，46（1）：253-259.

黄青，王利民，滕飞. 2011. 利用MODIS-NDVI数据提取新疆棉花播种面积信息及长势监测方法研究[J]. 干旱地区农业研究（2）：213-217.

蒋嫚嫚，邵振峰. 2015. 采用主成分分析的改进云检测算法[J]. 测绘科学，40（2）：150-154.

康峻，侯学会，牛铮，等. 2014. 基于拟合物候参数的植被遥感决策树分类[J]. 农业工程学报，30（9）：148-156.

李鑫川，徐新刚，王纪华，等. 2013. 基于时间序列环境卫星影像的作物分类识别[J]. 农业工程学报，29（2）：169-176.

刘建光，李红，孙丹峰，等. 2010. MODIS土地利用/覆被多时相多光谱决策树分类[J]. 农业工程学报，26（10）：312-318.

刘磊，江东，徐敏，等. 2011. 基于多光谱影像和专家决策法的作物分类研究 [J]. 安徽农业科学，39（25）：1 703-1 706.

刘毅，杜培军，郑辉，等. 2012. 基于随机森林的国产小卫星遥感影像分类研究[J]. 测绘科学，37（4）：194-196.

曾杰. 2017. 基于主动学习的遥感图像地物分类[D]. 西安：西安电子科技大学.

张晓羽，李凤日，甄贞，等. 2016. 基于随机森林模型的陆地卫星-8遥感影像森林植被分类[J]. 东北林业大学学报，44（6）：53-57.

张旭东，迟道才. 2014. 基于异源多时相遥感数据决策树的作物种植面积提取研究[J]. 沈阳农业大学学报，45（4）：451-456.

Arvor D，Jonathan M，Simoes M，et al. 2011. Classification of MODIS EVI time series for crop mapping in the state of Mato Grosso，Brazil[J]. Int J Remote Sens，32：7 847-7 871.

Baup F，Flanquart S，Maraissicre C，et al. 2012. Satellite monitoring at high spatial resolution of water bodies used for irrigation purposes[J]. Sci Technol Innovation Herald，32（3）：103-119.

Breiman L. 2001. Random Forests[J]. Machine Learning，45：5-32.

Cortes C，Vapnik V. 1995. Support-vector networks[J]. Machine Learning，20：273-297.

Deng X，Zhao C，Yan H. 2013. Systematic modeling of impacts of land use and land cover changes on regional climate：a review[J]. Adv Meteorol，2：1 375-1 383.

Deschamps B，Mcnairn H，Shang J，et al. 2012. Towards operational radar-only crop type classification：comparison of a traditional decision tree with a random forest classifier[J]. Can J Remote Sens，38（1）：60-68.

Gislason P O，Benediktsson J A，Sveinsson J R. 2003. Random Forests for land cover classification[J]. Pattern Recognit Lett，27（4）：294-300.

Gleriani J M D，Silva J D S，Epiphanio J C N. 2004. Comparative performance of neural networks and maximum likelihood for supervised classification of agricultural crops：single date and temporal analysis[J]. Radal Ba Fnon，4：2 959-2 964.

Jiao X F，Kovacs J M，Shang J L，et al. 2014. Object-oriented crop mapping and monitoring using multi-temporal polarimetric RADARSAT-2 data[J]. ISPRS J Photogramm Remote Sens，96：38-46.

Kandrika S，Roy P S. 2008. Land use land cover classification of Orissa using multi-temporal IRS-P6 awifs data：A decision tree approach[J]. Int J Appl Earth Obs Geoinf，10：186-193.

Kaur P，Singh S，Garg S，et al. 2010. Analytical and CASE study on limited search，ID3，CHAID，C4.5，improved C4.5 and OVA decision tree algorithms to design decision support system[J]. Strategic Change，1324：253-267.

Kussul Nataliia，Lavreniuk Mykola，Skakun Sergii，et al. 2017. Deep Learning Classification of Land Cover and Crop Types Using Remote Sensing Data[J]. IEEE Geoscience and Remote Sensing Letters，14（5）：778-782.

Liang Y J，Xu Z M. 2013. Crop identification in the irrigation district based on SPOT-5satellite imagery[J]. Pratacult Sci，30：161-167.

Long J A，Lawrence R L，Greenwood M C，et al. 2013. Object-oriented crop classification using multitemporal ETM+ SLC-off imagery and random forest[J]. Gisci Remote Sens，50：418-436.

Luo B，Yang C，Chanussot J，et al. 2013. Crop yield estimation based on unsupervised linear unmixing of multidate hyperspectral imagery[J]. IEEE Trans Geosci Remote Sens，51：162-173.

Ok A O，Akar O，Gungor O. 2012. Evaluation of random forest method for agricultural crop classification[J]. Eur J Remote Sens，45（2）：421-432.

Pal M. 2007. Random forest classifier for remote sensing classification[J]. Int J Remote Sens，26（1）：217-222.

Peña J M，Gutiérrez P A，Hervás-Martínez C，et al. 2014. Object-based image classification of summer crops with machine learning methods[J]. Remote Sens，6：5 019-5 041.

Rosales H S，Bruno C，Balzarini M. 2010. Identifying yield and environment relationships using classification and regression trees（CART）[J]. Interciencia，35：876-882.

Wu B，Li Q. 2012. Crop planting and type proportion method for crop acreage estimation of complex agricultural landscapes[J]. Int J Appl Earth Obs Geoinf，16：101-112.

Zhu Z，Woodcock C E. 2012. Object-based cloud and cloud shadow detection in landsat imagery[J]. Remote Sensing of Environment，118：83-94.

第四章
目标价格实施效果遥感监测示例

目标价格补贴对象是试点地区种植者，总的原则是多种多补，少种少补，不种不补。虽然我国在发放粮食直补等补贴时，对播种面积进行了统计，但上报的准确性和及时性难以保证，对促进农民种植的积极性造成不利影响。利用遥感等现代技术手段，精确核查大豆种植面积，完善大豆种植面积核查程序，即可准确掌握大豆实际种植面积，降低面积核查成本，提高补贴精准度。基于遥感影像对作物分布的监测结果并结合土地确权等后续措施，可以明确补助对象及相应补助金额，降低争议，使政策引导发挥最大的作用。为更加明确目标价格遥感监测技术流程，本章以吉林省敦化市2015年、2016年两个年度监测过程为例，对目标价格实施效果遥感监测过程进行具体说明。

第一节　总体技术思路

以吉林省敦化市作为研究区域，重点开展研究区大豆、玉米、水稻等农作物种植面积的遥感监测，结合地面调查、更高空间分辨率影像进行遥感识别结果的精度验证。开展地面农户情况调查，了解农户对政策的熟悉程度，对政策补贴价格和补贴方式的评价，以及农户种植意向等内容。收集研究区统计数据，对成本收益、净现金资料等进行整理，分析大豆、玉米种植面积的变化趋势及其影响因素。通过对上述各部分内容综合，对目标价格政策实施效果进行监测、分析。总体技术路线设计如图4-1所示。

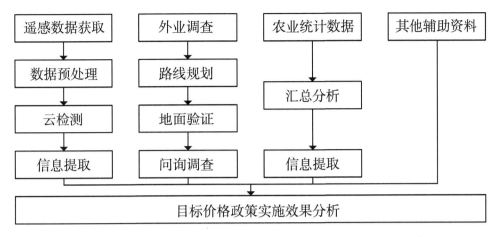

图4-1 吉林省敦化市目标价格政策实施效果遥感监测方案

第二节　数据收集与整理

一、遥感数据的获取及预处理

1.遥感数据的获取

目标价格实施效果遥感监测主要使用了国产GF-1/WFV影像（刘佳，2015）、美国Landsat 8 OLI影像两类数据源。GF-1（高分一号）是中国高分辨率对地观测系统国家科技重大专项的首发星，它配置有2台2m分辨率全色/8m分辨率多光谱相机和4台16m分辨率多光谱宽幅相机，设计寿命5～8年。"高分一号"卫星具有高、中空间分辨率对地观测和大幅宽成像结合的特点，2m分辨率全色和8m分辨率多光谱图像组合幅宽优于60km，16m分辨率多光谱图像组合幅宽优于800km，为国际同类卫星观测幅宽的最高水平，从而大幅提升观测能力，并对大尺度地表观测和环境监测具有独特优势。WFV是16m多光谱相机，包括4个波段，蓝（450～520nm）、绿（520～590nm）、红（630～690nm）、近红（770～890nm），其数据预处理流程及指数计算同上。

Landsat 8 OLI卫星于2013年2月11日发射，OLI是其携带的主要传感器，选择其中7个波段，分别是海岸/气溶胶（430～450nm）、蓝（450～510nm）、绿（530～590nm）、红（640～670nm）、近红（850～880nm）、短波红外1（1 560～1 660nm）和短波红外2（2 100～2 300nm），空间分辨率均为30m。

获取了敦化市2015年、2016年两个年度16m空间分辨率GF-1/WFV影像11景，30m空间分辨率Landsat 8 OLI影像16景，合计27景。表4-1给出了这27景数据的产品号及获取日期，图4-2给出了敦化市遥感影像示例图，图4-2a为2015年9月6日和9月22日拼接的Landsat 8 OLI影像图、2015年9月29日GF-1/WFV影像图。

表4-1　敦化市两个年度GF-1/WFV和Landsat 8 OLI影像

序号	影像传感器	行列号	产品号	获取时间（年/月/日）
1	GF1-WFV		1027462	2015/9/7
2	GF1-WFV		1029181	2015/9/8
3	GF1-WFV		1040226	2015/9/15
4	GF1-WFV		1043961	2015/9/17
5	GF1-WFV		1043960	2015/9/17
6	GF1-WFV		1068131	2015/9/29
7	GF1-WFV		1068130	2015/9/29
8	GF1-WFV		1858751	2016/9/30
9	GF1-WFV		1858754	2016/9/30
10	LC8-OLI	116029		2015/5/1
11	LC8-OLI	116029		2015/6/18
12	LC8-OLI	116029		2015/8/5
13	LC8-OLI	116029		2015/9/6
14	LC8-OLI	116029		2015/9/22
15	LC8-OLI	116030		2015/5/1
16	LC8-OLI	116030		2015/6/18
17	LC8-OLI	116030		2015/7/4

（续表）

序号	影像传感器	行列号	产品号	获取时间（年/月/日）
18	LC8-OLI	116030		2015/9/6
19	LC8-OLI	116030		2015/9/22
20	LC8-OLI	116029		2016/5/19
21	LC8-OLI	116029		2016/7/6
22	LC8-OLI	116029		2016/8/23
23	LC8-OLI	116030		2016/5/19
24	LC8-OLI	116030		2016/6/4
25	LC8-OLI	116030		2016/6/20
26	LC8-OLI	116030		2016/7/6
27	LC8-OLI	116030		2016/8/23

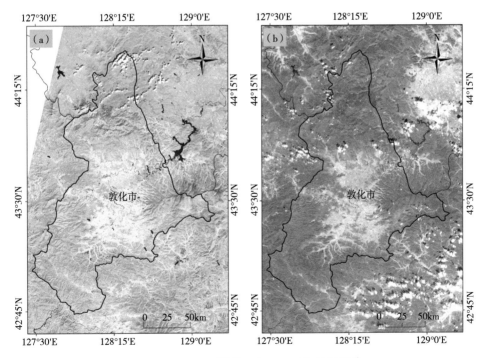

a. Landsat 8 OLI影像；b. GF-1/WFV影像

图4-2 2015年敦化市遥感影像

2.遥感数据预处理

数据预处理过程包括辐射定标、大气校正和几何精校正处理，全部过程使用ENVI 5.0软件进行处理。辐射定标采用的公式如下：

$$L=Gain \times DN+BiasL \quad\quad\quad (4-1)$$

式中，L为传感器入瞳处的光谱辐射亮度 $[W/(m^2 \cdot sr \cdot \mu m)]$，Gain为定标斜率，DN为影像灰度值，Bias为定标截距，Gain及Bias都由卫星数据供应方提供，具体可以参考相关文献。大气校正采用ENVI/FLAASH模块进行，采用数据自带的投影及定位坐标系统。

在几何与大气校正基础上，进一步计算了NDVI指数。NDVI指数的计算公式如下。

$$NDVI=(Nir-Red)/(Nir+Red) \quad\quad\quad (4-2)$$

式中，Red为红光波段的反射率，Nir为近红外波段的反射率。

3.遥感数据云检测方法

通常情况是，农作物遥感监测关键时期内影像云覆盖状况严重，必须使用部分云覆盖影像或者晴空合成数据，云及阴影的检测采用3.4节中方法。图4-3为2015年8月5日云检测结果，图4-4为2015年、2016年7—8月晴空合成图，可见晴空合成图能够满足目视识别的要求。

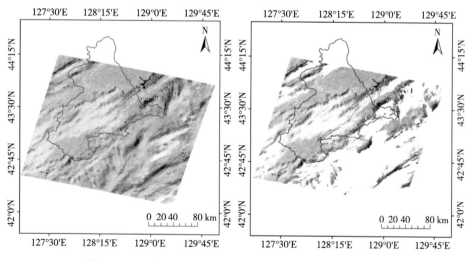

图4-3　研究区2015年8月5日数据及去云处理结果

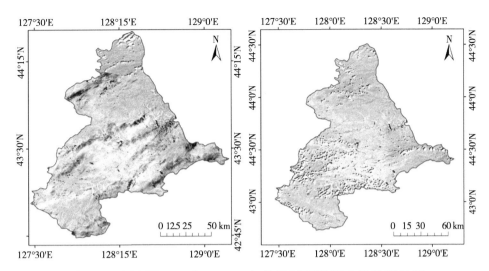

图4-4　研究区2015年、2016年关键时期数据去云处理结果

二、地面调查数据

地面调查数据是获取目标价格政策鼓励效果第一手资料的保证，地面调查结果同时也可以用于农作物面积遥感监测结果的验证。为了对全省状况有比较全面的了解，外业调查是从吉林省、敦化市两个尺度上开展的。

1.吉林省外业调查

2016年6月25日至7月4日，遥感调查小组历时10d，行程5 000km，对吉林大豆目标价格初步走访与初步调查，共计验证点517个，样方44个。图4-5为吉林省验证点及样方的分布。

2.敦化市外业调查

2016年10月26—28日对研究区敦化市进行地面重点调查，为期3天。采集样点作物照片、问卷调查、地面验证点等。图4-6为敦化市验证点及样方的分布。

三、农业统计数据的获取

收集了吉林省和敦化市2001—2015年的农业统计数据。内容包括作物生育期资料；作物的种植面积、产量资料；粮食种植结构变化资料；大豆、玉米成本收益资料；大豆、玉米费用、用工情况资料；粮食价格统计资料等。具体包括以下内容。

➤ 2001—2015年吉林省农业统计数据；

➤ 2001—2015年敦化市农业统计数据；

➤ 1978—2014年敦化大豆费用和用工情况资料；

➤ 1978—2014年敦化玉米费用和用工情况资料；

➤ 1990—2014年敦化市玉米价格统计资料；

➤ 1999—2014年敦化市大豆价格统计资料；

➤ 2006年、2008年、2014年、2015年全国农产品成本收益资料汇编；

➤ 1949—2015年吉林省玉米波动、政策及灾害资料；

➤ 1949—2015年吉林省大豆波动、政策及灾害资料。

四、其他辅助数据

包括研究区行政区划边界、水系、居民地、交通线路分布、数字高程（DEM）等数据。

1.遥感监测技术流程

主要技术思路包括4个组成部分，分别是植被识别、耕地识别、作物识别和精度验证等4个内容。研究区内待分类的作物为大豆、玉米、水稻，且假定耕地总面积为3类作物面积和。

植被识别过程，研究区内林地等主要地物类型都在6月下旬至8月中旬NDVI达到最大值，城镇，道路及河流的NDVI值一直偏小，通过这个时间段内NDVI最大值合成获取地物的空间分布，包括林地、耕地和城镇、道路及河流。

大豆和玉米在7月和8月生长茂盛，此时，玉米秸秆高于大豆，大豆叶片覆盖大于玉米，光谱表现为近红波段，大豆反射率高于玉米；大豆比玉米成熟早，在9月陆续收割，光谱表现为近似裸地特征。水稻灌溉用水原因，光谱表现异与大豆和玉米，本次研究采用最大似然监督分类的方法提取水稻种植区域，采用构建决策树的方法区分大豆和玉米，具体流程如图4-7。

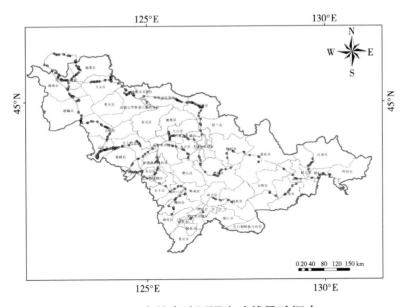

图4-5　吉林省地面调查路线及验证点

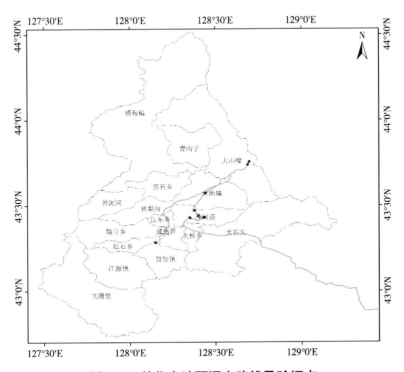

图4-6　敦化市地面调查路线及验证点

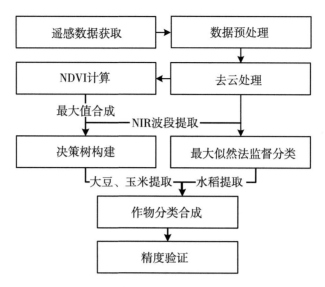

图4-7 敦化作物面积识别技术流程

2.大豆种植面积提取方法

在本次作物面积提取中，主要用到基于最大似然算法的监督分类方法和基于决策树的监督分类方法两种。

（1）最大似然法分类 决策树算法是典型的分类方法，是根据选择的样本归纳阈值规则，然后使用决策树对所有数据进行分析。

最大似然分类（Maximum Likelihood Classification）是指在两类或多类判决中，用统计方法根据最大似然比贝叶斯判决准则法建立非线性判别函数集，假定各类分布函数为正态分布，并选择训练区，计算各待分类样区的归属概率，而进行分类的一种图像分类方法。该分类方法适用于已知类别信息的分类情况，是一类监督分类算法。

（2）决策树构建 决策树（Decision Tree）又称为判定树，是运用于分类的一种树结构。构造决策树是采用自上而下的递归构造方法。决策树构造的结果是一棵二叉或多叉树，它的输入是一组带有类别标记的训练数据。基于决策树的数据分类分构造模型和分类两个步骤：构造模型是利用训练数据集训练分类器；分类过程是利用建好的分类器模型对测试数据进行分类。

3.敦化市农作物面积遥感识别

首先使用决策树方法提取面积，并结合最大似然监督分类结果进行目视修正，以提高识别精度。基于决策树方法提取2015年、2016年敦化市大豆、玉米和水稻等3种作物面积，其决策树阈值如表4-2和表4-3所示。

表4-2 敦化2015年多种作物种植面积提取

2015年	城镇+水稻	耕地+城镇+水稻	大豆+水稻+城镇	大豆
NDVI.max	<6 000			
NDVI.min		<3 200		
NDVI+SWI			<8 700	
Nir_201				>4 700
Nir_217				>4 900

注：NDVI.min、NDVI.max为2015年Landsat 8 OLI行列号为116030影像NDVI最小值、最大值合成结果；Nir_201、Nir_217分别为第201d、217d第5波段反射率

表4-3 敦化2016年多种作物种植面积提取

2016年	城镇+水稻	耕地+城镇+水稻	大豆+水稻+城镇	大豆
NDVI.max	<5 800			
NDVI.max_140_188		<8 600		
NDVI_188			<6 800	
Nir_236				>3 400

注：NDVI.max为2016年Landsat 8 OLI行列号为116030影像NDVI最大值合成结果；NDVI.max_140_188为第140d和188d NDVI最大值合成影像；NDVI_188为第188d NDVI影像；Nir_236为第236d第5波段反射率

（1）2015年农作物面积识别过程

耕地面积提取。通过阈值NDVI.min<3 200、NDVI+SWI<8 700提取出大豆、水稻、玉米、城镇的面积；再利用阈值NDVI.max>6 000去除城镇面积，可以得到大豆、玉米和水稻面积。

水稻面积提取。利用最大似然分类法对Landsat 8 OLI第256d影像进行分类，得到水稻的种植面积。

大豆和玉米面积提取。由于大豆在7月下旬至8月上旬期间在近红外波段反射率值较高，利用阈值Nir_201>4 700和Nir_217>4 900提取大豆、玉米种植面积结果。

（2）2016年农作物面积识别过程

耕地面积提取。通过阈值计算NDVI.max<5 800，NDVI.max_140_188<8 600，提取大豆、玉米、水稻面积。

水稻面积提取。利用最大似然分类法对Landsat 8 OLI第236d影像进行分类，得到水稻的种植面积。

大豆面积提取。利用阈值Nir_236>3 400、NDVI_188>6 800，提取大豆、玉米种植面积结果。

（3）主要农作物面积遥感识别结果

综合最大似然方法和决策树方法结果，采用目视解译的方法得出研究区大豆、玉米、水稻的种植面积和分布。如图4-8和图4-9所示分别为2015年、2016年大豆、玉米和水稻种植面积和分布。

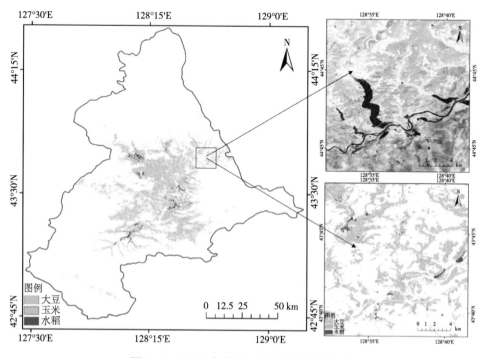

图4-8　2015年敦化3种作物面积分布

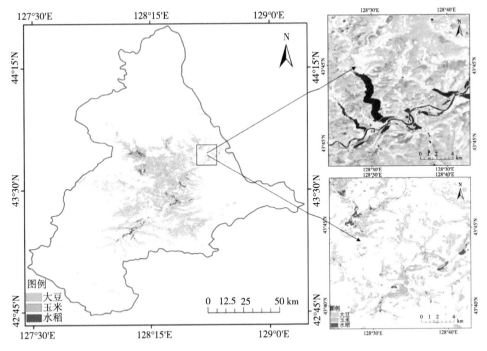

图4-9　2016年敦化3种作物面积分布

第三节　目标价格实施效果分析

根据2015年、2016年遥感监测结果，敦化市大豆种植面积分别为54.27万亩、57.05万亩，玉米种植面积比例分别为23%和24%，表明敦化市大豆种植面积下滑的区域有所好转。根据调查结果分析，大豆面积稳中有增主要是目标价格实施的结果。

造成大豆种植面积稳中有增的原因是多方面的，主要包括气候环境、种植制度、国家政策、劳动投入、产出效益等方面。其中，产出效益为最直接的影像因素，也是鼓励引导农民改善种植结构最为行之有效的途径。

一、收益影响的比较分析

主要采用净现金收入比较大豆、玉米种植面积的变化情况，表4-4给

出了2001—2016年敦化市大豆、玉米净现金收入情况，图4-10为净现金收
入的图示结果。

表4-4　2001—2016年敦化市玉米、大豆种植面积及现金收益统计

地区	年度	大豆净现金收入（元/亩）	玉米净现金收入（元/亩）	大豆种植面积（万亩）	玉米种植面积（万亩）
敦化	2001	33.81	56.15	45.26	18.92
敦化	2002	82.98	12.68	41.28	20.77
敦化	2003	124.06	47.31	57.89	18.92
敦化	2004	104.13	125.86	69.85	20.09
敦化	2005	81.36	78.58	89.69	21.92
敦化	2006	79.43	149.97	92.81	29.07
敦化	2007	200.18	216.38	97.16	43.92
敦化	2008	174.26	150.85	111.31	36.12
敦化	2009	139.15	197.75	160.06	55.40
敦化	2010	170.49	296.56	150.14	62.95
敦化	2011	134.36	344.76	116.25	98.01
敦化	2012	164.05	339.68	84.42	133.66
敦化	2013	108.26	271.82	99.09	117.23
敦化	2014	66.37	311.47	98.11	119.50
敦化	2015			89.10	139.71
敦化	2016			93.67*	133.93*

　　注：（1）2015年、2016年遥感监测数据：大豆种植面积分别为54.27万
亩、57.05万亩，玉米种植面积分别为238.13万亩、228.27万亩

　　（2）*为以2015年统计数据为基数通过2015年、2016年遥感监测数据变化
率，计算得到的2016年种植面积数据

　　（3）其他数据来源：2001—2015年吉林省统计年鉴，2006年、2008年、
2014年、2015年全国农产品成本收益资料汇编

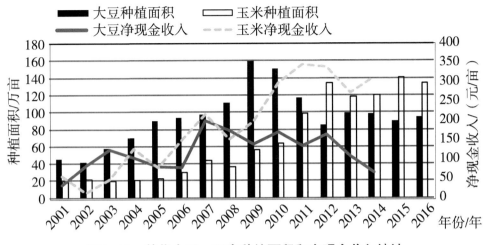

图4-10　敦化大豆、玉米种植面积和净现金收入统计

从2008—2013年，吉林省大豆一直实行的是最低收购价政策，但由于大豆净现金收入与玉米相比差距较大，因此大豆最低收购价政策未能有效遏制大豆面积下滑的局面。相反，从2014—2016年的3年中，国家在吉林省实施目标价格试点工作，考虑到大豆2015年吉林省目标价格平均补贴为139.7元，以2014年大豆净现金收益作为基数计算，大豆净现金收益将达到206.4元/亩以上。

如果不考虑玉米价格走低的影响，以2014年玉米净现金收益311.5元/亩作为计算依据，2015年、2016年大豆比玉米净现金收益低105.1元/亩。事实上，如果考虑近两年玉米价格走低因素的影响，大豆与玉米的收益相差还会缩小。

将2001—2014年分为2001—2009年、2010—2014年两个时间段，通过分析净现金收益与种植面积的关系，可以明确看出净现金收入决定了农民选择农作物种植类型。2009年以前，大豆与玉米效益相差不大时，农民习惯性选择当地比较适合的大豆进行种植。2010年以后，当大豆效益远低于玉米时，农民则倾向于选择高投入、高产出的玉米进行种植。

2001—2009年的9年间，两种作物净现金收益相差不大，大豆、玉米平均分别为113.2元/亩、115.0元/亩，相差仅1.8元/亩，最低值2006年大豆较玉米低70.5元/亩，最高值2003年大豆较玉米高76.8元/亩。在这一期间，大豆、玉米种植比例平均为2.93，最小值年份2002年、最大值年份2005年分别为1.99、4.09，大豆、玉米种植面积都呈上升趋势，并且大豆种植面积始终高于玉米。

2010—2014年的5年间，大豆的净现金收益远低于玉米，大豆、玉米平均分别为128.7元/亩、312.9元/亩，5年间都是大豆的效益低于玉米，平均低184.2元/亩，最低时2014年大豆较玉米低245.1元/亩，最高时2010年大豆较玉米低126.1元/亩。这一期间，大豆、玉米种植比例平均为1.17，从2010—2014年基本呈下降趋势，并在2012年开始，大豆面积开始低于玉米面积，2013年最高时低85.0%左右。

二、收益影响的相关分析

将当年大豆净现金收入与当年的大豆种植面积作一个相关分析，如图4-11所示，可以看出大豆种植面积与当年大豆的净现金收入有一定的相关关系，但相关性并不显著。

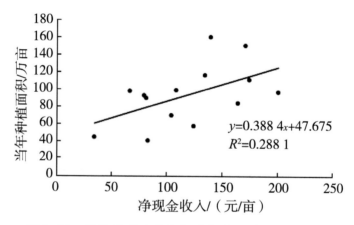

图4-11　敦化净现金收入与当年大豆种植面积关系

由于农业生产的特点，市场价格对作物面积变化的反馈往往具有滞后性，某种作物行情好，农民通常会在翌年或第三年大面积种植。敦化2007年大豆净现金收入增加至200多元/亩，这也直接导致了2008年和2009年大豆种植面积的陡增。将大豆净现金收入与翌年的大豆种植面积作一个相关分析，如图4-12所示，从图4-12中可以看出大豆的翌年种植面积与当年净现金收入相关性明显提高。

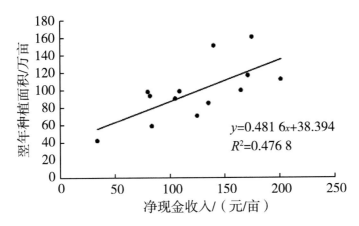

$$y=0.481\ 6x+38.394$$
$$R^2=0.476\ 8$$

图4-12　敦化净现金收入与翌年大豆种植面积关系

敦化大豆的替代作物为玉米，为了确定替代玉米价格对大豆种植面积的影响，将当年大豆玉米的净现金收入差和翌年大豆种植面积进行相关分析。如图4-13所示，大豆种植面积与大豆玉米的净现金收入差几乎没有相关性，即大豆种植面积主要受大豆净现金收入的影响，受大豆玉米相对价格高低的影响非常小。这说明刺激和鼓励农民种植大豆的行之有效的方法为提高农民的大豆净现金收入，而通过目标价格的方法是保障大豆净现金收入的重要举措。

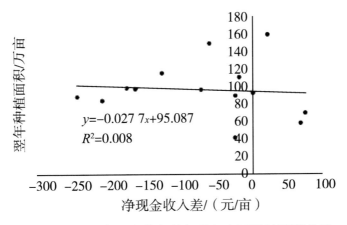

$$y=-0.027\ 7x+95.087$$
$$R^2=0.008$$

图4-13　敦化净现金收入差与翌年大豆种植面积关系

综上所述，大豆种植面积受大豆净现金收入绝对值影响大，受玉米等替代作物价格影响很小，且受大豆收益净值的影响具有滞后效应，通常一年后产生影响。

三、大豆种植面积增加的原因

决定农民种植作物种类的原因包括土壤、气候、天气、地形、水源、种植传统、农资供给和经济效益等方面，除经济效益外，其他影响因素相对固定，在常年的种植过程中逐渐形成了固化的种植制度，而经济效益作为可变因素，在变更种植作物上起着至关重要的作用。在正常的种植结构演变过程中，过量种植的作物会因为产量提升对价格的负反馈而使种植效益下降，进而该类作物种植面积降低并达到一个动态的平衡。

农业生产的反馈的滞后效应和某些地区农民盲目扩张生产等行为使中国粮食供给年际波动较大，甚至影响国家的粮食安全。这也使政府和相关农业部门不得不采取相关的措施来引导种植结构，常见的干预措施包括粮食直补和制定粮食目标价格等方式。粮食直补方法由于在执行过程中具有较大人为操作空间，使补贴未能真正惠及种植者手中，政策的推行效果不佳。而制定目标价格方式通过将补贴混入收购粮食的过程中，很好地克服和避免了粮食直补中存在的各种问题。

通过遥感监测、农业统计资料分析和地面调查分析，2015年、2016年两个年度敦化市大豆种植面积比例由22.79%增加到25.06%，大豆面积净增加了2.77万亩。究竟是何种原因导致大豆面积的增加，以上章节的分析已经得出目标价格对大豆的种植面积有重要的影响，且与大豆种植面积呈正相关。也得出目标价格与来年大豆种植面积相关性密切的结论。

在农业实际生产角度分析，影响农民种植意愿的最直接的因素就是农产品的产出效益，农资、环境等其他因素对农产品效益的影响有很强的滞后性和难预测性。而目标价格作为直接决定农产品收益的因素，其价格高低直接决定了农民的种植选择。这说明目标价格政策的实施是本区大豆种植面积比例增加的主要引导因素，合理的目标价格是促进大豆面积恢复性增长的有力措施。

参考文献

冯宇，宁肯，刘康琳. 2018. 刍议吉林省大豆补贴政策[J]. 经贸实践（19）：50-51.

郭天宝，李根，王云凤. 2016. 中国大豆主产区利益补偿机制研究[J]. 农业经济问题（1）：26-34.

黄博，张秀青，薄一丹. 2016. 关于大豆目标价格补贴政策实施情况的调查分析——基于黑龙江省8县23村的调研[J]. 新疆农垦经济（7）：84-88.

李博文，邵书慧. 2018. 不同政策环境下农产品价格波动特征分析——以棉花和大豆为例[J]. 世界农业（11）：100-107.

刘佳. 2015. 国产高分卫星数据的农业应用[J]. 卫星应用（3）：31-33，36.

王萍，孙明明，李智媛. 2015. 农民对大豆目标价格政策的认知探析[J]. 大豆科学（5）：914-917.

闫立萍，孙贵荒. 2016. 辽宁省大豆目标价格补贴的调研报告[J]. 农业经济（1）：130-131.

周亚成，郭天宝，董毓玲. 2017. 农业供给侧改革"米改豆"过程中农民利益补偿问题研究[J]. 山西农经（10）：1-2.

Congalton R G. 1991. A Review of assessing the accuracy of classifications of remotely sensed data[J]. Remote Sensing of Environment，37：35-46.

Congalton R G. 1988. A comparison of sampling schemes used in generating error matrices for assessing the accuracy of maps generated from remotely sensing data[J]. Photogrammetric Engineering & Remote Sensing，54：593-600.

Hay A M. 1988. The derivation of global estimation from a confusion matrix[J]. International Journal of Remote Sensing，9：1 395-1 398.

第五章
讨 论

本研究中实现了利用遥感影像提取大豆种植面积，并根据面积监测结果对目标价格的实施效果进行评价，可以为未来更好地制定目标价格提供数据参考，本质上是一种事后评价。在后续的研究中还可以基于目标价格和种植面积关系的深入分析，根据国家粮食政策制定的总种植面积，制定精准的粮食目标价格，进而实现事前干预和引导。目前，中国粮食消费需求正在由追求数量向追求质量转变，为适应这种变化，一些粮食主产区实行粮食产量与质量并重战略，引导农民种植优质粮。

从目前的调查分析，目标价格如果落实到位，能够起到刺激大豆增长的作用。但有以下几个问题需要在后续工作中考虑。第一，在WTO允许范围内，进一步提高大豆目标价格的补贴力度，在不影响玉米价格收益的条件下，提高大豆目标价格能够在提高大豆种植面积的同时，保证未能及时调减玉米农户的收益，保护农民种粮积极性。第二，在保证补贴发放效率的同时，尽量减少中间补贴的环节，形成具有地方特点的补贴程序。第三，加强目标价格的宣传力度，使农户了解到，只有种植优良品种，同时保证大豆品质与产量才能获得更高的经济效益。要解决上述问题，需要从以下几个方面着手工作。

一、推进农业结构调整，转变农业发展方式

长期以来，在政策、市场拉动和地域条件限制下，玉米种植"一枝独大"，玉米生产经营收入占农民收入的70%以上。单一农业生产结构，对农业克服自然和市场风险、进一步提高农业效益和农民收入造成严重影响。近一个时期，面临国际粮价下行、市场萎缩及生产成本加速上涨的新

形势，调整农业结构已迫在眉睫。

优化调整种养业结构。开展粮改饲和种养结合型循环农业试点，支持苜蓿和青贮玉米等饲草料作物种植，扩大专业饲料作物种植面积。在西部白城市开展粮改饲试点，建设50万亩优质苜蓿饲草种植基地，在中西部长春市、四平市、吉林市、白城市、松原市奶牛、肉牛养殖大县开展青贮玉米种植，建设100万亩青贮玉米种植基地。

优化调整农作物区域布局。中部要与节水增粮和灌区改造提升相结合，积极发展玉米、水稻主粮型种植业，依托灌区实施"旱改水"，扩大水稻种植面积。西部要与发展优势特色产业相结合，因地制宜发展杂粮杂豆、油料及饲料作物，发展生态适应型种植业，积极推行粮改饲和种养结合模式。东部积极发展人参、中药材、食用菌和休闲旅游、生态健康产业，发展特色型种植业；要与农作物轮作相结合，在东部地区开展玉米大豆轮作，提高基础地力。要与发展城郊设施农业相结合，发展设施高效型种植业，大力发展生态农业观光园、采摘园等休闲旅游农业。

加大结构调整政策扶持力度。落实国家对调减玉米种植实施粮改饲等相关政策，调动农民种植青贮饲料和大豆的积极性。制定结构调整扶持政策，对新型经营主体结构调整、适度规模经营、粮改饲和规模化养殖等方面加大信贷担保支持力度。

二、建设高标准农田，提升粮食安全保障能力

集中力量建设高标准农田。主要是制定省级高标准农田建设标准。以高标准农田建设为平台，整合统筹使用资金、大力改造中低产田，集中力量建设高标准的农田。引导各类社会资本和金融资本、鼓励各类新型经营主体参与高标准农田建设。

切实加强耕地和黑土地保护。加快提升耕地质量，以县为单元，全面推进黑土地保护整治行动，在中部黑土区11个县（市）推行秸秆还田、深松、少免耕、地膜覆盖等保护性耕作技术和粮豆轮作、粮草轮作、测土配方施肥、盐碱化耕地改良等农艺措施，配套实施修筑截流沟、小塘坝、谷坊、坡式梯田等工程措施，完善农田防护林体系，加大防护林更新改造力

度，充分发挥防护林生态屏障作用。

大力推进农田水利项目建设。继续开展小型农田水利和节水灌溉工程建设，开展榆树市松榆灌区、松原市前郭灌区、吉林市昌邑区土城子灌区、舒兰市小城子灌区、白城市洮儿河灌区、大安市月亮泡东灌区和延吉市朝阳灌区等大中型灌区节水改造续建配套工程建设。

三、建设节水型农业，提升水生态文明水平

提高防洪抗旱减灾能力。实现工程防御能力标准化、雨水工情监测自动化、洪水预报预警精准化、信息交换快速化、决策指挥科学化。到2020年，大江大河和水库工程基本达到国家规定的防洪标准，防汛决策指挥系统初步建成。到2025年，建成完善的防洪减灾工程体系、高效的决策支持系统和抢险救援机制，有效控减洪涝干旱损失，基本实现防汛抗旱现代化。

强化水资源优化配置。持续推进供水工程建设，水资源配置和供给能力不断增强，城乡用水与工农业用水、生态用水之间矛盾基本解决。到2020年，全省新增供水能力16亿m³。实现农村自来水普及率、集中式供水人口比例达到70%～80%。到2025年，农村自来水普及率、集中式供水人口比例进一步提高，基本建成城乡供水网络。

建设完善农田灌排工程。建立高效利用的蓄、引、提、调相结合的供水系统，洪、涝、碱、淤兼治的排水系统，实行渠、沟、田、林、路综合治理。到2020年，有效灌溉面积达到3 000万亩，其中水田面积在1 100万亩的基础上，新增加200万亩，达到1 300万亩。旱田节水灌溉面积达到1 700万亩。使有效灌溉面积达到所需4 998万亩灌溉面积的60%。部分区域农田排涝标准达到5年一遇。到2025年，实现有效灌溉面积4 000万亩，其中水田面积再增加200万亩，达到1 500万亩，旱田节水灌溉面积达到2 500万亩，使有效灌溉面积达到所需灌溉面积的80%以上，全省稳定耕地面积中灌溉面积接近50%。

大力发展节水农业。加大全省粮食主产区、严重缺水区和生态脆弱地区的节水灌溉工程建设力度，推广先进适用的灌溉技术，改进耕作方式，

调整种植结构。在全省半干旱、半湿润偏旱区积极发展雨养农业，建设农田集雨设施，推广地膜覆盖技术，开展粮草轮作、带状种植，推进种养结合。到2020年，农田灌溉水利用系数由0.56提高到0.6。到2025年，农田灌溉水利用系数提高到0.62以上。

四、治理农业生态环境，建设优美田园风光

加大农业环境突出问题治理。全面加强农业面源污染防控，科学合理使用农业投入品，普及和深化测土配方施肥，鼓励使用有机肥、生物肥料和绿肥种植；推广高效、低毒、低残留农药、生物农药和先进施药机械，推进病虫害统防统治和绿色防控。深入推进农田防护林更新改造工程，加快土壤污染、小流域综合治理，解决化肥、农药和工业污染等突出问题。到2020年，努力实现全省化肥、农药施用量零增长。综合治理地膜污染，开展废旧地膜机械化捡拾示范推广和回收利用，加快可降解地膜研发。综合治理养殖污染，启动实施循环农业建设项目，建立"猪—沼—菜""玉米秸秆多元化应用"等农牧结合循环农业发展模式。开展水产养殖池塘标准化改造和生态修复，推广高效安全复合饲料，逐步减少使用冰鲜杂鱼饵料。

大力推进农业生态环境修复。加大草原、水域等农业生态系统保护与建设，强化畜禽遗传资源、农业野生植物和水生生物资源保护，遏制生物多样性减退速度。在东部农业生态圈实施长白山森林生态修复工程，在西部农业生态区实施生态补水工程和绿色生态屏障工程。突出东部地区河源地保护，强化中西部地区水环境整治。到2020年河湖生态用水状况得到改善，重要江河水功能区主要水质指标达标率提高到69%以上，地下水超采得到遏制，重点区域水土流失得到有效治理。到2025年，水功能区水质达标率提高到80%以上，江河、湖、库、池塘水质持续改善，基本建成区域、流域各具特色的水生态保护体系。

五、推进农业标准化生产，健全农产品质量安全追溯体系

第一，全面推进农业标准化生产。全面提升农业产业标准化生产能

力，建立健全农产品质量安全标准体系。加快农产品质量安全控制标准制定，创建农产品质量安全县和农产品标准化示范基地，有计划制订水稻、玉米、大豆、人参、肉牛等农产品系列标准规范。扩大无公害农产品、绿色食品、有机农产品和地理标志农产品生产规模，打造一批农业标准化生产基地和农产品品牌。

第二，建立完善农产品质量安全追溯体系。按照统一采集指标、统一编码、统一传输格式、统一接口规范、统一追溯规程的"五统一"要求，构建省、市、县三级农产品质量安全追溯公共服务平台体系，逐步实现从种植养殖、生产加工、流通销售、餐饮服务全环节全链条的可追溯监管。建立产地准出与市场准入衔接机制，强化上下游追溯体系对接和信息互通共享，实现农产品"从农田到餐桌"全过程可追溯。

第三，强化农产品质量安全监管能力建设。健全完善全省农产品质量安全监管体系，建立完善市、县、乡镇三级农产品质量安全监管机构，强化风险监测与信息预警能力建设。建立健全省市县乡农产品质量安全执法监管机构，全面落实监管责任。

第四，深入开展农产品质量安全执法监管。推进农产品产地环境、生产过程、收储运环节全链条监管。大力推行投入品安全使用制度和农产品生产记录制度，开展植物病虫害绿色防控与专业化统防统治，深入开展农资打假专项行动，规范农产品质量安全信息发布，加强风险监测预警能力和应急体系建设，提高应急处置能力。

参考文献

蔡培培. 2017. 我国大豆目标价格政策试点中的问题与对策[J]. 改革与战略，33（8）：92-94，126.

陈锡文. 2015. 当前中国农业发展的主要问题[J]. 中国乡村发现（3）：1-8.

丁声俊. 2014. 对建立农产品目标价格制度的探索[J]. 价格理论与实践（8）：9-13.

樊琦，祁华清，李霜. 2016. 粮食目标价格制度改革研究[J]. 宏观经济研究（9）：20-30.

姜长云，杜志雄. 2017. 关于推进农业供给侧结构性改革的思考[J]. 南京农业大学学报（社会科学版）（1）：1-10.

冷崇总. 2015. 关于农产品目标价格制度的思考[J]. 价格月刊（3）：1-9.

刘明星，杨树果，李晗维. 2018. 黑龙江省大豆目标价格政策实施效果评价[J]. 黑龙江农业科学（1）：137-140.

柳苏芸. 2017. 我国大豆目标价格补贴政策及其效果研究[D]. 北京：中国农业大学.

罗孝玲. 2005. 基于粮食价格的我国粮食安全问题研究[D]. 长沙：中南大学.

马英辉. 2018. 中国大豆目标价格政策的经济效应分析[D]. 北京：中国农业大学.

钱加荣，赵芝俊. 2015. 现行模式下我国农业补贴政策的作用机制及其对粮食生产的影响[J]. 农业技术经济（10）：41-47.

权丽. 2018. 农产品目标价格补贴制度改革的困局和破解之策[J]. 农业经济（2）：141-142.

田聪颖. 2018. 我国大豆目标价格补贴政策评估研究[D]. 北京：中国农业大学.

王文涛，张秋龙. 2016. 大豆目标价格补贴政策效应的理论分析及整体性框架建议[J]. 湖南师范大学社会科学学报（2）：126-134.

王文涛，张秋龙，聂挺. 2015. 大豆目标价格补贴试点政策评价及完善措施[J]. 价格理论与实践（7）：28-30.

王一飞. 2018. 粮食价格政策对中国粮食安全的影响研究[D]. 北京：北京交通大学.

张凡凡，张启楠，李福夺，等. 2018. 粮食补贴政策对粮食生产的影响研究——基于2004—2015年粮食主产区的省级面板数据[J]. 经济研究导刊（22）：37-40.

张磊，罗光强. 2019. 粮食生产补贴政策的可及性及优化策略研究——基于粮食规模经营完全成本视角[J]. 山西农业大学学报（社会科学版），18（2）：59-67.

张照新，陈金强. 2007. 我国粮食补贴政策的框架、问题及政策建议[J]. 农业经济问题（7）：11-16.

图目录

表目录